mein
Landleben

Liebenswerte Langhälse

Über den artgerechten Umgang mit Gänsen

Marion Bohn-Förder

Liebenswerte Langhälse

Über den artgerechten Umgang mit Gänsen

Impressum:

Gestaltung und Satz: Ravenstein, Verden
Lektorat: Maren Müller

Coverfoto: fotolia.com/axepe
Fotos im Innenteil: animals-digital.de/Thomas Brodmann, Marion Bohn-Förder, Manfred Ditschler, Tobias Hofmann, Dr. Richard Maurer, Beate Meisenzahl, Agnes Meyer-Brandis, Michael von Lüttwitz, Jörn Perske, Fotonatur.de/Tanja Askani, Tierfotoagentur.de/S. Gervelis, Tierfotoagentur.de/A. Winkler, Karl-Heinz Tuma, Ute Weber
Zeichnungen: Susanne Retsch-Amschler

Druck: Westermann Druck, Zwickau

Deutsche Nationalbibliothek – CIP-Einheitsaufnahme
Die Deutsche Nationalbibliothek verzeichnet diese Publikation in der Deutschen Nationalbibliografie; detaillierte bibliografische Daten sind im Internet über http://dnb.ddb.de abrufbar.

Printed in Germany

ISBN: 978-3-8404-3010-7

Inhalt

Einleitung

Gänse sind dem Menschen wundervolle und treue Gefährten. Die empfindsamen „Langhälse“ besitzen einen starken Bindungstrieb und werden bei liebevoller Behandlung zu anhänglichen Familienmitgliedern. Aus diesem Blickwinkel wollen wir die private Hobbygänsehaltung hier betrachten.

Gänse sind sehr soziale Lebewesen, die sich eng an den Menschen anschließen können. Nicht umsonst waren es die Graugänse, die der populäre Verhaltensforscher Konrad Lorenz genau studierte. Ein Tier, an dem man manchmal fast menschenähnliche Züge zu entdecken meint – gerade das macht sicherlich auch den Reiz aus, sich für Gänse als Haustiere zu entscheiden. Wer mit diesen charismatischen Vögeln lebt, sie bewusst erlebt und es versteht, mit ihnen zu kommunizieren, der wird mit einer einzigartigen

Gänse sind sehr wachsam. Sie behalten ihr Umfeld stets gut im Blick. (Foto: Marion Bohn-Förder)

Mensch-Tier-Freundschaft belohnt. Dieses „menschlich-gänsische" Miteinander ist eine wunderbare Bereicherung im Leben aller Gänseliebhaber mit großem Garten und reichlich Wiesenfläche. Zudem sind Gänse emsige Landschaftspfleger und ausgezeichnete „Home-Sheriffs". Sie stehen in ihrer Wachsamkeit einem Hund in nichts nach. Ihr heimisches Revier haben die aufmerksamen Federtiere stets gut im Blick, denn Gänse besitzen auf die Ferne eingestellte scharfe Augen und können auch weit entfernte Dinge noch sehr gut erkennen. Ihr langer Hals ist dabei von Vorteil. Die weithin hörbaren, langhalsigen „Alarmanlagen" ernähren sich rein vegetarisch und suchen sich ihr Grünfutter selbstständig.

Fell trifft Feder – in ländlichen Regionen hoffentlich bald wieder ein häufigerer Anblick. (Foto: Dr. Richard Maurer)

Ich züchte seit einigen Jahren graue Pommerngänse und habe mich diesem herrlichen Hobby verschrieben. Ein Leben ohne meine treuen Gänse? Ich könnte es mir nicht vorstellen! Was gibt es Schöneres, als sie am Morgen aus dem Stall zu lassen und ihnen nachzusehen, wenn sie voller Lebensfreude, mit kraftvollen Flügelschlägen, laut trompetend über die reifbedeckte Wiese rennen, nach einigen Metern wieder umkehren und in meine Richtung flattern, um mich dann mit waagerecht gestreckten Hälsen laut schnatternd auf „Gänsisch" zu begrüßen. In einem solchen Moment spüre ich das Vertrauen und die tiefe Zuneigung, die meine Gänse mir entgegenbringen, und bin sehr glücklich.

Umso trauriger stimmt es mich, dass es Menschen gibt, die in diesem Vogel nur die „Martinsgans" oder den „Weihnachtsbraten" sehen. Für sie ist die Gans lediglich ein seelenloses Nutzgeflügel, das einzig und allein der Befriedigung ihrer kulinarischen Fleischeslust dient. Ich bin mir sicher, dass viele dieser Festtagsgourmets ihre gleichgültige Einstellung den Gänsen gegenüber ändern würden, wenn sie die klugen Vögel einmal näher kennenlernten. Ich würde mir für unsere liebenswerten Mitgeschöpfe mehr Achtung und Respekt wünschen.

Glücklicherweise erfreuen sich die „Langhälse" in den letzten Jahren zunehmender Beliebtheit. Gerade in ländlichen Regionen interessieren sich die Gänseliebhaber wieder mehr denn je für die private Gänsehaltung. So wie sicher auch Sie, sonst hätten Sie sich nicht dieses Buch gekauft. Ich freue mich sehr über Ihr Interesse und möchte Ihnen hier, in einer auch für den Einsteiger leicht verständlichen Form, meine gesammelten praktischen Erfahrungen in der Gänsehaltung weitergeben. Ich werde Sie nun in die „geflügelte" Welt unserer Gänse begleiten, um Ihnen Ihre zukünftigen gefiederten Freunde und deren Bedürfnisse vorzustellen.

Wie sind Gänse?

Sie sind geliebt und gefürchtet. Sie tauchen in Märchen auf, werden in Liedern besungen und schrieben schon im alten Rom als heilige Tiere Geschichte. Denn es waren die wachsamen Gänse des römischen Kapitols, die herannahende gallische Feinde sofort bemerkten und lautstark ankündigten. So wurde Schlimmeres verhindert, und der Angriff konnte erfolgreich zurückgeschlagen werden. Seither genossen die „Gänse des Kapitols" hohes Ansehen. Noch heute werden Gänse vom Militär als Wachtiere für Munitionsdepots gehalten.

Konträr zu ihrem Ruf als schlauer Vogel steht das Schimpfwort „dumme Gans". Ob es der manchmal schon außerordentlichen „Sturheit" dieser Vögel zu verdanken ist oder aus anderen Gründen entstand, das weiß so recht keiner. Doch obwohl die Menschen dieses Schimpfwort schon sehr lange verwenden, mag man die „Langhälse" doch irgendwie. Nicht umsonst schmückt ihr Bildnis seit je zahlreiche Gemälde, und die weißen Gänse mit dem blauen Halsschleifchen finden sich bis heute auf Tischdecken, Küchenschürzen, Tellern und Kaffeetassen. Sie stehen für Landidylle und Bauernhofromantik.

Gänse sind nun mal GANS besondere Tiere, die niemals in Vergessenheit geraten.

Gänse werden oft mit Landidylle und Bauernhofromantik in Verbindung gebracht.
(Foto: Michael von Lüttwitz)

Keine Angst vor Gänsen –

von zwickenden Vögeln und starren Klischees

Bis heute sorgen Gänse bei vielen älteren Menschen, die in ländlichen Gegenden aufgewachsen sind, für lebhaften Gesprächsstoff. Denn sie kennen Gänse häufig nur als zischende und angriffslustige Zeitgenossen, die mit ihrem orangegelben, gezahnten Schnabel kraftvoll zuzwicken können. Wer als Kind einmal von einem solchen langhalsigen Angreifer verfolgt oder gar gestellt wurde, der lässt oft bis ins Alter keine gute Feder an ihm.

Dass es früher vermehrt zu Gänseattacken kam, lag sicherlich nicht daran, dass diese Vögel von Natur aus aggressiv und beißfreudig sind. Zwar ist in Einzelfällen, wie bei allen anderen Lebewesen, eine genetische Veranlagung zum „Bösen" durchaus möglich, doch größtenteils lag ihre Ablehnung und Angriffsbereitschaft den Menschen gegenüber eher daran, dass die Gänse keinen Bezug zu ihnen hatten und „verwildert" waren. Sie wurden ausschließlich als Nutztiere zur Fleisch- und Federgewinnung gehalten und auch so behandelt. Da wurde nicht viel Aufhebens gemacht. Frühmorgens ließ man die Gänse auf die Weide, wo sie sich selbstständig versorgten. Vor Einbruch der Dunkelheit trotteten die „Langhälse" im typischen Gänsemarsch wieder in den heimischen Stall, in dem sie etwas lockenden Hafer vorfanden. Ihren Halter sahen sie lediglich beim Öffnen und Schließen der Stalltür. Dieser kurze Kontakt reicht bei Weitem nicht aus, um das Vertrauen der äußerst skeptischen Gänse zu gewinnen. Auch wenn sie eine Person täglich sehen, bleibt diese, wenn sie sich nicht näher mit ihnen

Früher bewegten sich Gänse frei – auf Dorfteichen, Flüssen und Bachläufen. (Foto: Michael von Lüttwitz)

beschäftigt, immer ein Fremder. Kommt dieser „Fremde" ihnen in ihrem gänsischen Revier zu nahe, wird er als vermeintlicher Eindringling sofort mit Drohgebärden auf Abstand gehalten. Ignoriert er diese zischende Vorwarnung, was ein Gänsehalter aus Gründen der Versorgung ab und an tun muss, kommt es schnell zu einer hand- und schnabelfesten Auseinandersetzung. Insbesondere selbstbewusste Ganter verstehen absolut keinen Spaß, wenn sie sich provoziert fühlen. Zum Selbstschutz bewaffneten sich die Gänsebesitzer oft mit Stöcken und schlugen damit auch schon einmal zu. Andere packten die Gans am Hals und drehten sich mit ihr schnell im Kreis herum. Danach warfen sie ihren gefiederten Kontrahenten weit von sich. Der schwindelige Vogel brauchte danach einige Zeit, um wieder auf die Beine zu kommen, und die nutzte der Mensch zur Flucht. So gerieten die beiden Parteien schnell in eine Aggressionsspirale. Der Gänsebesitzer verfluchte des Öfteren seine Federtiere, und diese sahen in ihm und in jedem, der so aussah, ihren Erzfeind. Gänse vergessen niemals. Negative Erlebnisse und die damit verbundenen Personen prägen sie sich ein Gänseleben lang ein. Bei anderen Haustieren wie Hund oder Pferd ist ein Neuanfang in der Mensch-Tier-Beziehung möglich, bei Gänsen nicht. Aus den Studien von Konrad Lorenz geht hervor, wie einfach Gänse strukturiert sind. Für sie gibt es nur gut oder böse, ein „Dazwischen" existiert nicht. Wer einmal ihr Feind war, der wird es immer bleiben. Für die Wildgänse ist dieses Muster überlebensnotwendig.

Eine liebevolle Aufzucht, am besten im natürlichen Familienverband, ist die Grundlage für ein glückliches Gänseleben. (Foto: Marion Bohn-Förder)

Wie aus Gänsen Freunde werden

Gänse sind sehr gesellige Tiere, die mit ihrem Besitzer in engen Kontakt treten, wenn sie spüren, dass dieser sie mag und es gut mit ihnen meint. Die grundlegende Voraussetzung für eine unbefangene Annäherung vonseiten der Gänse ist aber, dass sie liebevoll aufgezogen wurden, was bei Hobby-Rassegeflügelzüchtern in der Regel der Fall ist. Denn ein Herzblutzüchter verbringt einen großen Teil seiner Freizeit mit seinen Tieren, wodurch sie anhänglich und menschenbezogen werden.

Am innigsten wird die „menschlich-gänsische" Beziehung natürlich, wenn man seine zukünftigen Gänsefreunde schon als Gössel bekommt und selbst aufzieht. Das ist wunderschön, erfordert aber viel Zeit, weil junge Gänsekinder Zuwendung und Erziehung brauchen. Da die Prägung bei

So kann „menschlich-gänsische" Freundschaft aussehen. (Foto: Agnes Meyer-Brandis)

ihnen eine wichtige Rolle spielt, was bedeutet, dass sie zwar über einige natürliche Instinkte, jedoch über relativ wenige angeborene Verhaltensmuster verfügen, müssen Gänse sich viele Dinge erst aneignen. Gössel, die im Familienverband natürlich aufwachsen, lernen dort alles Wichtige. Hier werden sie auch gut sozialisiert und bekommen die für sie wichtige Zuwendung und Nestwärme. In der künstlichen Aufzucht übernimmt der Mensch die Elternrolle und somit die Verantwortung für eine artgerechte Entwicklung seiner Gänse. Hier gilt es, die richtigen Weichen zu stellen, damit es bei den Tieren nicht zu einem späteren Fehlverhalten kommt.

Gänse haben von Natur aus einen starken Bindungstrieb, sie brauchen unbedingt Gesellschaft und müssen mit Artgenossen aufwachsen. Nur so lernen sie, dass sie Gänse sind und keine Menschen. Dieser Grundgedanke muss bei der Betreuung der Gänsekids immer im Vordergrund stehen. Auch wenn sie noch so süß sind, sollte man seine Tiere nicht zu stark auf sich prägen. Man tut ihnen und sich damit keinen Gefallen. Solche fehlgeprägten Gänsekinder wünschen sich ständig die Nähe ihrer menschlichen „Mutter" und möchten um keinen Preis allein im Stall bleiben, denn Gänse fürchten nichts so sehr wie Einsamkeit. Zudem können sie später nichts mit ihren Artgenossen anfangen und ignorieren diese. Nicht selten sind Paarungsprobleme, Aggressionen, Federfressen oder ein übersteigertes Dominanzverhalten auf menschliche Fehler während der Aufzucht zurückzuführen.

In der Regel geben Rassegeflügelzüchter junge Gössel sowieso ungern ab, denn sie möchten ihre Gänse später auf Rassegeflügelausstellungen präsentieren. Da nicht von Anfang an zu erkennen ist, aus welchem Gänschen ein Ausstellungstier wird, bleiben zuerst einmal alle Gössel im heimischen Stall. Nur aus der Masse kommt die Klasse. Jungtiere vom Rassegeflügelzüchter bekommt man deshalb meist erst im Herbst. Das Warten lohnt sich jedoch, denn diese halbstarken Junggänse sind den Umgang mit Menschen gewohnt und schließen sich nach einer kurzen Eingewöhnungsphase ihren späteren Besitzern problemlos an.

Dafür ist es aber zunächst wichtig, das Vertrauen der Tiere zu gewinnen. Wer seine Gänse so respektiert und akzeptiert, wie Mutter Natur sie programmiert hat, ohne Wenn und Aber, der hat dafür bereits einen wichtigen Grundstein gelegt. Ihm gegenüber werden sich diese stolzen, aber auch sensiblen Vögel öffnen und sich ihm treu anschließen. Das dauert allerdings eine Weile, weshalb man viel Zeit, jede Menge Herzblut und eine Engelsgeduld in diese neue Freundschaft investieren sollte. Wenn Mensch und Vogel in langsamen Schritten aufeinander zugehen, lernen beide unglaublich viel voneinander und werden zu einer vertrauten Einheit.

Wie Gänse ticken

Gänse haben fest eingeprägte Verhaltensmuster, die ihr Handeln aus unserer Sicht oft als stur oder dumm erscheinen lassen. Sie sind einfach gestrickt und denken nicht in komplexen Zusammenhängen, sondern vielmehr in Bildern. Die heimische Umgebung sowie alles, was dazugehört, ist detailgenau in ihrem Kopf gespeichert. Sie halten sklavisch an diesen eingeprägten Bildern fest, und solange sich in ihrem Umfeld nichts ändert, ist ihre Gänsewelt in Ordnung. Die Scheu vor neuen Dingen, zum Beispiel, wenn auf dem gewohnten Weg zur Weide ein Eimer steht, der sonst nicht da ist, kann dem Betreuer das Leben für einen Moment schwer machen. Denn eines ist gewiss: Sie bringen eher einem Elefanten bei, auf drei Beinen zu stehen, als dass Sie Ihre Gänse dazu bewegen werden, dort vorbeizulaufen. Meist machen sie auf der Stelle kehrt und laufen schnellen Schrittes Richtung Stall zurück. Ich habe bezüglich der bildlichen Denkweise von Gänsen schon viele Experimente gemacht. Interessant hierbei war für mich, dass die Gänse sich nicht nur meine Person, sondern auch meine Kleidung genau eingeprägt haben. Ich trage bei den Tieren immer mein robustes olivgrünes Stalloutfit. Erscheine ich so, ist alles vertraut und harmonisch. Ändere ich aber mein Äußeres auffällig, trage zum Beispiel helle Hosen, eine knallbunte Bluse, Lackschuhe und ein Haartuch, erkennen die Tiere wohl meine Person und die Stimme, sind aber durch das andere Bild von mir derart verunsichert, dass sie mich anfeinden oder sogar attackieren. Besonders Lackschuhe bringen die Ganter vollkommen aus der Fassung. Wenig später, im vertrauten olivfarbenen Arbeitsdress, kommen alle wieder freudig angeflattert, als wäre nichts gewesen.

Im Umgang mit Gänsen ist es also wichtig, an erprobten Ritualen festzuhalten, das heißt: wenn möglich gleiche Wege, gleiche Worte, annähernd gleiche Reihenfolge und gleiche Zeiten. Letzteres ist bei der Betreuung von Gänsen erforderlich, denn ihre innere Uhr läuft. So stehen sie beispielsweise

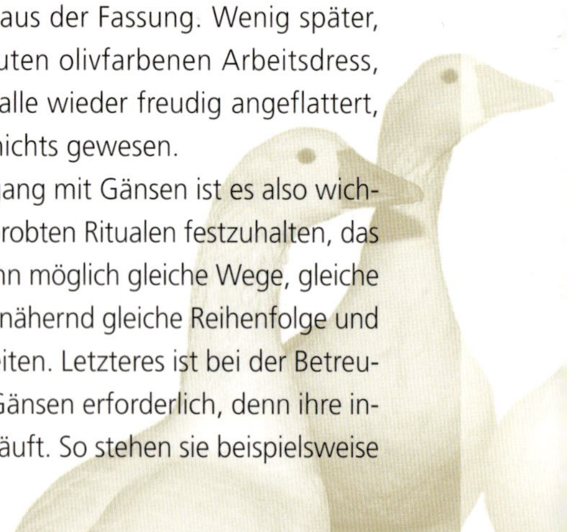

Gänse sind von Natur aus skeptisch und tun sich mit Veränderungen schwer. (Foto: Beate Meisenzahl)

zur gewohnten Stunde unruhig am Tor der Weide und wollen heim zum Stall, wo der gefüllte Futtertrog auf sie wartet. Veränderungen brauchen immer Zeit und viel Geduld. Gänse vertragen Zwang und vor allem Hektik ganz schlecht! Sie reagieren darauf, genau wie Pferde, völlig kopflos und fallen dann des Öfteren einmal über Gegenstände, die direkt vor ihnen liegen. Wenn eine panische Gänsegruppe erst einmal in Bewegung gerät, gibt es kein Halten mehr. Stürzt ein Tier dabei, kommt es so schnell nicht wieder auf die Beine, weil viele nachfolgende Artgenossen immer wieder darüberfallen. Das ist keine Schusseligkeit, sondern liegt daran, dass Gänse ihren Hals und Kopf hoch emporrecken, um ihren Fluchtweg weitläufig einzusehen. Durch die seitliche Anordnung ihrer Augen entsteht aber ein toter Winkel direkt vor ihnen. Aus diesem Grund fixieren sie auch Dinge in der unmittelbaren Nähe ihres Körpers oder Flugobjekte immer mit geneigtem Kopf, einäugig.

Wer sich im Umgang mit seinen Gänsen wie eine wandelnde Schlaftablette vorkommt, verhält sich für sie genau richtig. Ruhe und Gelassenheit sind notwendig, damit Gänse Vertrauen fassen und handzahm werden. Wobei bemerkt sei, dass unter dem Begriff „handzahm" nicht ständiges Anfassen und Umhertragen zu verstehen ist. Das mögen Gänse nicht. Wie alle Vögel sind sie von Natur aus mit einem Fluchtreflex ausgestattet. Wenn man nach ihnen greift, weichen sie zurück, auch wenn sie ansonsten sehr zutraulich sind. Diese Instinkthandlung läuft automatisch ab und wird zwanghaft ausgeführt.

Was versteht man dann also unter handzahm? Handzahme Gänse sind sehr anschlussfreudig, sie suchen den Kontakt mit ihrem menschlichen Freund und lassen seine unmittelbare Nähe zu. Natürlich darf man die Langhälse manchmal auch berühren oder streicheln. Dabei ist es aber wichtig, währenddessen mit ihnen zu sprechen, damit sie nicht verunsichert werden. Stellen Sie sich doch mal vor, eine Person greift Ihnen schweigend, ohne ihre Absicht zu erklären, einfach ins Haar. Sie würden bestimmt instinktiv mit Abwehr reagieren. Wenn Ihnen diese Person aber sagt: „Entschuldigen Sie, auf Ihrem Haar krabbelt eine Spinne, soll ich sie entfernen?", würden Sie aufgrund dieser Erklärung einer Berührung sicher zustimmen. Die Gänse erfassen selbstverständlich nicht den Sinn des Gesagten, aber die Worte beruhigen sie ebenso wie uns. Ich behandle meine Gänse prinzipiell wie Familienmitglieder und rede auch genauso mit ihnen. Absichten oder Zielorte betone ich immer besonders und verwende in Sätzen, die ein tägliches Ritual ankündigen, auch stets die gleiche Wortfolge. Beispielsweise: „Guten Morgen, es gibt FRÜHSTÜCK." Oder: „Kommt ihr bitte mit auf die WIESE?" Das wurde von Fremden schon des Öfteren belächelt, aber ich sehe darin eine Notwendigkeit, denn Gänse sind schlau und können durchaus gesprochene Kommandos erlernen. Damit das gelingt, müssen wir Menschen aber zuerst einmal ihre Sprache lernen.

Wenn er sein Aussehen stark verändert, wird auch schon mal der vertraute Besitzer mit solchen Drohgebärden auf Abstand gehalten. (Foto: Marion Bohn-Förder)

Die gleiche Sprache sprechen – von Anfang an.
(Mit freundlicher Genehmigung der Deutschen Presse-Agentur, Foto: Jörn Perske)

Do you speak „Gänsisch"?

Die Sprache der Gänse ist gar nicht so schwer und von jedermann erlernbar. Wer seine Tiere beobachtet und sich ihre Verständigungslaute und Gesten abschaut und aneignet, gelangt mit seinen Vögeln schnell auf einen vertrauten Nenner. Dieses kommunikative „Aufeinander-Zugehen" ermöglicht es, den Gänsen nach kurzer Zeit Stimmkommandos beizubringen. Man verbindet einfach ihre Sprache (Lautäußerungen) mit der unseren.

Ahmt man zum Beispiel den gänsischen Aufbruchlaut nach und kombiniert ihn direkt mit dem fünfmal wiederholten Kommando: „Komm, komm ...", lernen die Gänse schnell, was ihr menschlicher Freund von ihnen möchte. Wichtig ist nur die tägliche konsequente Wiederholung bei immer gleichbleibendem Rhythmus und Tonfall und stets gleicher Wortzahl. Gänse besitzen eine schnelle Auffassungsgabe, was sich schon daran zeigt, dass sie, im Gegensatz zu Hühnern, bereits nach einem Tag problemlos in einen neuen Stall zurückfinden. Zudem haben die „Langhälse" ein sehr gutes Erinnerungsvermögen. Sie werden rasch die Wünsche ihrer Bezugsperson verstehen, sodass diese bald völlig auf das Hinzufügen der gänsischen Lautäußerungen verzichten kann.

Begrüßung auf Gänsisch. (Foto: Ute Weber)

Auf den Spuren von Konrad Lorenz

In seinem wunderbaren Buch *Hier bin ich – wo bist du?* beschreibt Konrad Lorenz in einem Kapitel die Verständigung der Graugänse untereinander. Seine Studien ermöglichten mir einen leichten Einstieg in das Verständnis der Gänsesprache. Ich verwende in meinem Buch teilweise seine Begriffe für die einzelnen Ausdrucks- und Verständigungsweisen, denn ob Wildgans oder domestizierte Hausgans, die Körpersprache ist die gleiche. Lediglich die Stimmlaute unterscheiden sich in mancher Hinsicht.

Die Kommunikation unserer Gänse setzt sich aus zwei Komponenten zusammen: der Lautäußerung und der dazugehörigen Körpersprache. Die Lautäußerungen unterteilen sich grob in zwölf Kategorien und werden stets von der entsprechenden Körpersprache begleitet. Bekannt sind: der Stimmfühlungslaut, der Aufbruchlaut, der Triumphschrei, der Warnlaut, das drohende Zischen, der Alarmlaut, der Distanzlaut, das Schnattern, das vertraute entspannte Hauchen, der Jammerlaut, das Weinen bei Gösseln oder Junggänsen sowie der wohlige Einschlaflaut. Sie sollen im Folgenden näher beschrieben werden.

Stimmfühlungslaute: Sie werden mit nach vorn gestrecktem Hals ausgeführt und dienen der Kontaktaufnahme sowie dem Kontakthalten. Sozial aneinander gebundene Gänse äußern sie immer wieder einmal, um auf Tuchfühlung zu bleiben.

Die Silben der Stimmfühlungslaute werden in der Regel drei- bis fünfmal hintereinander in ruhiger Tonlage geäußert und in Abständen wiederholt. Bei Gösseln klingen sie wie ein fließend gesprochenes „Wii-wii-wii-wii-wii", bei halbstarken Junggänsen im Stimmbruch erklingt ein „Wa-wa-wa-wa-wa", und bei Altgänsen ähnelt der Laut einem nasalen, tief aus dem Kehlkopf gepressten, dunkel rollenden „Gog-gog-gog-gog-gog". Der Kontaktlaut der Ganter hingegen ist wesentlich höher und klingender und lässt sich mit einem nasalen „Gig-gig-gig-gig-gig" beschreiben. Wenn der Kontakt zwischen Gänsen kurzzeitig unterbrochen wurde, wie etwa durch eine Trennung oder bei einem Streit mit einer anderen Gänsegruppe, wird der Stimmfühlungslaut nach der Störung wiederaufgenommen, nur wesentlich lauter und intensiver als vor der Unterbrechung. Hierbei zielen ihre weit vorgestreckten Hälse dicht aneinander vorbei. Lorenz vergleicht das mit einer „Begrüßung". Die Gänse bringen damit ihre gegenseitige Verbundenheit zum Ausdruck und stärken so den Zusammenhalt innerhalb ihrer Gruppe. Bei besonders innigen Begrüßungen, etwa zwischen einem Gänsepaar oder auch zwischen Gänseeltern und Kindern, zielen die Hälse so dicht aneinander vorbei, dass sich die Köpfe beinahe berühren.

Aufbruchlaut: Auch beim Aufbruchlaut stehen alle Gänse in ständigem stimmlichen Kontakt miteinander. Diesen Laut hört man immer dann, wenn sich die Tiere fortbewegen. Er gleicht dem Stimmfühlungslaut, nur werden hier die Silben wesentlich schneller aufeinanderfolgend geäußert. Man hört regelrecht die Aufbruchstimmung heraus. Je nach Erregungszustand wird der Aufbruchlaut teilweise von einem Kopfschütteln begleitet.

Triumphschrei: Hiermit verkündet die Gans ihre große Freude über ein Ereignis. Der Laut unterteilt sich in zwei akustische Varianten. Zum einen ist er ein reiner Freudenschrei. Die spitzen, trompetenartigen Töne drücken Lebenslust aus. Besonders am Morgen, wenn die Tiere aus dem Stall gelassen werden, oder des Abends, wenn es zum Füttern nach Hause geht, rennen sie voller Erwartung mit lauten Freudenschreien und flatternden Flügeln los. Der wahre Triumphschrei hingegen wird nur vom Ganter ausgerufen. Er lässt ihn hören, wenn er bei einer Auseinandersetzung seinen Rivalen besiegt hat. Während der Verlierer das Weite sucht, trompetet der Sieger mit hocherhobenem Haupt, stolz geschwellter Brust und ausgebreiteten Flügeln den Triumphschrei. Mit dem lauten, lang gezogenen, spitzen Schrei bringt der aufgebrachte Gänsemann seine Macht und Manneskraft zum Ausdruck. Den Triumphschrei hört man von männlichen Tieren auch immer unmittelbar nach einem erfolgreichen Liebesakt (Tretakt). Mit emporgestrecktem Hals und Kopf verkünden Ganter ihre Zufriedenheit und Freude über die gelungene Begattung. Der tief aus dem

Luftsack gepresste, lang gezogene, in Intervallen ausgestoßene Schrei klingt hierbei fast genussvoll.

Warnlaut: Nicht immer ist auf einer Gänseweide alles im grünen Bereich. Entdeckt eine Gans in ihrer Umgebung eine unbekannte Gestalt, so verharrt sie mit kerzengeradem Hals, in den Nacken gelegtem Kopf und sichtbar wachsamen Augen. Sie warnt ihre Artgenossen mit einem spitzen, leisen, nasalen „Gang", das so viel heißt wie „Vorsicht, alle aufpassen!". Bei diesem Laut laufen alle Tiere augenblicklich dicht zusammen, um sich gegenseitig zu sichern.

Drohendes Zischen: Wenn Gänse sich bedroht fühlen und vor etwas Angst haben, warnen sie ihr Gegenüber, indem sie stimmlos den Schnabel öffnen, ihre Zunge zeigen und das drohende Zischen zunächst nur andeuten. In solchen Konfliktsituationen schütteln sie zudem oft energisch ihre angewinkelten Flügel. Dieses geräuschvolle „Flügelrasseln", wie Lorenz es nennt, ist als eine Art Ermahnung zu verstehen, die man durchaus ernst nehmen sollte. Denn wenn Gänse einen solchen „Wind" machen, sind sie bereits äußerst angespannt und verstehen keinen Spaß mehr. Nähert sich der Gewarnte

Beim drohenden Zischen wird die Zunge sichtbar. (Foto: Marion Bohn-Förder)

dennoch, ist Schluss mit lustig. Die weiblichen Tiere machen sich groß, indem sie sich hoch aufrichten und ihre Flügel in ganzer Spannweite zeigen. Denn die sind, neben ihrem Schnabel, der fest zubeißen kann, eine sehr schlagkräftige Waffe. In dieser Drohgebärde beginnen sie nun laut zu zischen, wobei die gesamte Zunge gut sichtbar wird. Ganter hingegen strecken ihren Hals nun waagerecht nach vorn, sodass dieser sich parallel zum Boden befindet, und biegen ihren Nacken dabei stark nach unten durch. In dieser kampfbereiten Stellung gehen sie direkt und schnellen Schrittes auf den ungebetenen Besucher zu. Der sollte spätestens jetzt den Rückzug antreten, denn der Angriff eines erzürnten Gänsemannes hat es in sich.

Alarmlaut: Gänse sehen einen heranfliegenden Greifvogel schon aus weiter Entfernung und lassen ihn nicht mehr aus den Augen. Fliegt er dicht über ihnen, warnen sie sich gegenseitig mit dem Alarmlaut. Ihr lang gezogenes, aus dem Kehlkopf gepresstes tiefes „Haaaa" bedeutet: „Vorsicht, Lebensgefahr, alles in Deckung!"

Distanzlaut: Den Distanzlaut äußern erwachsene Gänse immer dann, wenn sie von ihren Artgenossen getrennt wurden und sich verlassen fühlen. Bei diesem laut trompetenden, meist dreisilbigen Laut liegt die Betonung auf der ersten Silbe, die höher ist als die nachfolgenden. Er klingt wie ein klagendes, suchendes „Gig-gag-gag". Je nach Dauer und Art der Trennung kann der Distanzschrei mehrere Stunden am Stück bis zur Erschöpfung oder auch tagelang immer wieder zu hören sein. Denn

Attackierender Ganter.
(Foto: animals-digital.de/Thomas Brodmann)

Gänse sind einander sehr verbunden und halten zusammen, in Freud und Leid. Es gibt für sie nichts Schlimmeres, als füreinander unerreichbar zu sein. Gerade vertraute, „verheiratete" Gänsepaare sollten daher möglichst ein Leben lang zusammenbleiben dürfen. Ähnlich verhält es sich bei einer sehr intensiven Freundschaft zweier Ganter. Wenn eine Trennung aber aus vernünftigen Gründen notwendig ist – etwa wenn Junggänse von den Eltern abgesetzt werden –, muss man die Tiere so weit voneinander entfernt unterbringen, dass sie sich nicht mehr gegenseitig hören können. Sonst wird es eine lautstarke Aktion

Gänsegruppe in einer Konfliktsituation. (Foto: Ute Weber)

und eine nervliche und psychische Belastung für alle Beteiligten, in erster Linie für die sehr, sehr unglücklichen „Langhälse", aber auch für deren mitfühlenden Halter – von einigen verständnislosen und genervten Nachbarn ganz zu schweigen.

Eine andere Form des Distanzschreis ist das normale Rufen von Gänsen, die sich in einer Ausnahmesituation befinden und Hilfe suchen. Gerade in der Brutsaison fasziniert mich das Verhalten meiner Gänse immer wieder. Es kam schon öfter vor, dass eine Gans ihren Stall aufsuchte, um darin ihr Ei abzulegen, aber nicht hineinkonnte, weil der Wind die Tür zugeschlagen hatte. Sie äußerte dann ebenfalls laute, in Intervallen ausgestoßene Distanzschreie, um auf sich aufmerksam zu machen.

Flüssiges Schnattern: Es setzt sich aus erregten, obertonreichen, schnell aufeinanderfolgenden und sich teilweise überschlagenden Stimmfühlungs- und Distanzlauten zusammen und ist als „Achtung, zusammenbleiben, es gibt Ärger!" zu verstehen. Ein solch stimmgewaltiges Spektakel hört man immer, wenn Gänsefamilien oder Gänsegruppen miteinander in Streit geraten. Hierbei stehen alle Mitglieder eines Clans dicht beisammen, die Köpfe einerseits auf die gegnerische Gruppe gerichtet, andererseits so nahe beieinander wie möglich. In dieser abwehrbereiten Haltung schreien sie sich gegenseitig so lange die Ohren voll, bis die Situation schließlich eskaliert und es unter den Gantern zum Kampf kommt.

Hauchlaut: Dieses stimmlose, einsilbige Hauchen bei halb geöffnetem Schnabel äußern Gänse in vertrauten Situationen. Es ist ein Zeichen von Erleichterung, Entspannung oder auch freudiger Erwartung. Dieser Laut ist einem entspannten Seufzen oder tiefen Durchatmen der Menschen gleichzusetzen. Beispielsweise hauchen vier meiner Altgänse regelmäßig beim Befüllen ihrer Futterkrippen, als wollten sie sagen: „Na endlich gibt es Futter!" Auch abends im Stall äußern die Gänse manchmal den Hauchlaut. Man könnte meinen, sie flüsterten geheimnisvoll miteinander. Die weibliche Gans haucht unmittelbar nach dem Schlüpfen der Jungen, aber auch schon vorher, wenn aus dem Ei heraus kindliche Lautäußerungen ertönen. Hier wird der Hauchlaut oft von einem Schnabelklappern begleitet.

Jammerlaut: Der gänsische Ausdruck des Jammerns und der Unlust erinnert mich in verblüffender Weise an ein quengelndes Baby. Der Laut wird vorwiegend von Jungtieren ausgestoßen, die sich in einer für sie unangenehmen Situation befinden. Der einsilbige, lang gezogene Ton ist unüberhörbar, da er mit einer enormen Ausdauer geäußert wird, und zwar so lange, bis das unglückliche Gänsekind seinen Willen bekommt.

Weinen: Es ist die erste Lautäußerung, die man von einer Gans im noch geschlossenen Ei hören kann, beispielsweise wenn die Eier stark abkühlen. Dieser laute, hohe, einsilbige Laut dient dazu, die Aufmerksamkeit der Gänseeltern zu erregen, wenn ein Gänsekind in Bedrängnis gerät. Die Gössel äußern ihr Weinen, wenn irgendwelche Hindernisse beim Schlüpfen auftreten, wenn ihre Mutter versehentlich auf sie getreten ist, sie durstig oder hungrig sind, Schmerzen haben oder sie etwas weiter als sonst hinter den führenden Eltern zurückgeblieben sind und sich verlassen fühlen. Ein Naturbrut-Gänsekind schreit alles zusammen, falls ihm der Weg zu den Eltern plötzlich durch irgendetwas versperrt wird oder man es einmal auf den Arm nimmt.

Wohliger Einschlaflaut: Zum Einschlafen stöhnen die Vögel ihr tiefes, lang gezogenes, periodisches „Hmmm", mit dem sie sich entspannen und einen beruhigenden Kontakt miteinander halten. Gössel haben einen trillernden Einschlaflaut, der sich wie „wirr, wirr ..." anhört.

„Wirr, wirr ..." Etwa so klingt es, wenn Junggänse sich kurz vor dem Einschlafen entspannen. (Foto: Marion Bohn-Förder)

Welche Gänserasse passt zu mir?

Gänse gibt es in allen Größen, von S bis XL. Die einen sind lebhaft, andere hingegen eher ruhigere Zeitgenossen. Aus Platzgründen kann ich hier leider nicht alle Gänserassen vorstellen und habe mich deshalb für die geläufigsten entschieden. Es war mir wichtig, auch die Zuchtwarte des SV Deutscher Gänsezüchter und andere engagierte Züchter über die von ihnen betreuten Rassen und deren Charakter zu befragen. Ich denke, das interessiert Sie und ist eine zusätzliche Entscheidungshilfe bei der Wahl Ihrer zukünftigen Gänsefreunde.

Typisch für Toulouser Gänse sind die ausgeprägte Bauch- und Kehlwamme. (Foto: Karl-Heinz Tuma)

Toulouser Gänse

Die Toulouser Gans stammt von der wild lebenden Graugans ab und kommt ursprünglich aus der Gegend um Toulouse in Südfrankreich. Die Geschichte der Rasse begann im 14. Jahrhundert. Lange Zeit wurde ausschließlich auf Körpergröße selektiert, was einen extrem schweren Gänsetyp (ähnlich dem frühen Typ der Emdener Gänse) zur Folge hatte, der lediglich zu Nutzzwecken gehalten wurde. So brachten die alten Toulouser Schläge schon einmal stolze 18 bis 20 Kilogramm auf die Waage. Wegen ständig zunehmender Fruchtbarkeitsstörungen gingen englische Züchter aber dazu über, die Körpergröße zu reduzieren. Heute wiegen die Ganter nur noch 12 bis 15 Kilogramm. Die Gänsedamen sind mit 9 bis 12 Kilogramm sogar noch etwas leichter. Damit gehören sie aber, verglichen mit anderen Rassen, immer noch zu den XL-Gänsen.

Durch planmäßige Zuchtarbeit wurde bei den heutigen Toulouser Zuchttieren ein hohes Niveau erreicht. Sah man die Toulouser Gänse früher in Deutschland eher selten, erfreut sich diese besondere Gänserasse wegen ihrer Attraktivität und Einmaligkeit heute zunehmender Beliebtheit, denn mit ihrem massigen, etwas eigenwillig geformten Körper und ihrer grauen Wildfarbe sticht sie sofort ins Auge. Eine Gans, anders als die anderen, das ist sie unbestritten. Ihr ruhiges, ausgeglichenes und zutrauliches Wesen kommt ihren Haltern ebenfalls sehr entgegen. Allerdings sind Toulouser Gänse nicht die aktivsten Tiere. Wegen der doppelten, tief herunterhängenden Bauchwamme ist ihre Beweglichkeit etwas eingeschränkt, was sich auch beim Tretakt (Befruchtung) manchmal störend bemerkbar macht. Bei den grauen Schwergewichtlern fällt das Befruchtungsergebnis mitunter schon einmal enttäuschend aus. Wenn Nachzucht gewünscht wird, empfiehlt es sich auch, das Gelege künstlich zu erbrüten, denn bei der Naturbrut wird schon einmal das eine oder andere Ei im Nest zerdrückt.

Die XL-Gänse freuen sich sehr über eine Schwimm- oder Badegelegenheit. Toulouser Gänse lieben es, im Wasser zu „chillen", und dessen Tragkraft kommt der Gans und dem Ganter auch während des Tretaktes entgegen, was die Befruchtungs-

Gänse sind ihrem Partner treu, aber nicht immer ihrer eigenen Rasse. Toulouser-Graugans-Mischlinge im typischen Gänsemarsch. (Foto: Michael von Lüttwitz)

Zuchtwart Mark Hoppe über die Toulouser Gänse:

Sie sind äußerst ausgeglichene, ruhige und anhängliche Familiengänse. Toulouser wünschen sich einen ihrem Charakter entsprechenden ruhigen Umgang sowie ein störungsfreies Revier auf einer gut bewachsenen Wiese und ein schattiges Plätzchen zum Dösen. Dann sind sie oft den ganzen Tag nicht zu hören. Bei den Toulousern trifft die Vorstellung von den „gemütlichen Dicken" voll zu. Ihre Mitteilungsfreudigkeit hält sich durchaus in Grenzen. Wenn diese Tiere einmal laut werden, dann ist auch etwas im Busch, und der Halter sollte vorsichtshalber einmal nach dem Rechten sehen. Wer also eine nachbarnfreundliche Rasse sucht, der ist mit den Toulouser Gänsen bestens beraten. Sie werden auch sehr gern auf Streuobstwiesen als ökologische „Rasenmäher" gehalten.

rate steigert. Künstlich angelegte Schwimmbecken sollten aber nicht tiefer als 20 bis 30 Zentimeter sein, damit das Gänsepaar den nötigen Halt findet, den es für die gemeinsame Balance während des Tretaktes benötigt. Ist das Wasser zu tief, verschwindet die Gans komplett unter Wasser, wenn ihr gewichtiger Gatte sie besteigt. Darauf reagiert sie verständlicherweise panisch, das Paar kommt ins Straucheln, und er verliert die Balance und plumpst ins Wasser, noch bevor er seine „eheliche Pflicht" erfüllen konnte. Badebecken müssen auch an einer Stelle etwas flacher auslaufen, damit die Tiere gut hinein- und hinauskommen.

Die Toulouser Gänsedamen der alten Schläge haben früheren Aufzeichnungen zufolge 30 bis 40 Eier pro Jahr gelegt. Diese Legeleistung wurde mir allerdings von heutigen Züchtern nicht bestätigt. Sie bewegt sich bei edlen (hochrassigen) Rassetieren im Schnitt zwischen 20 bis 25 Eiern.

Emdener Gänse sind sehr lebhaft und wachsam. (Foto: Michael von Lüttwitz)

Emdener Gänse

Die Emdener Gans ist die älteste und bekannteste unserer Gänserassen. Ihre Zucht lässt sich bis in das 13. Jahrhundert zurückverfolgen. Seit über 100 Jahren sind Emdener Gänse in England und in den USA weit verbreitet. Die Vorfahren dieser Gänserasse waren in der Gegend um Emden und Bremen gehaltene große Landgänse, die wegen ihrer langen, gebogenen Hälse auch als Schwanengänse und noch früher als Seegänse bekannt waren. Emdener Gänse gehören ebenfalls zu den XL-Gänsen.

Die widerstandsfähigen Gänse wurden speziell für das raue norddeutsche Küstenklima gezüchtet. Trotz ihres stolzen Gewichts von 10 bis 11 Kilogramm bei den Gänsen und 11 bis 12 Kilogramm bei den Gantern wirken die „weißen Riesen" mit ihren schmalen Köpfen und den schlanken Hälsen sehr elegant. Die doppelte Bauchwamme ist ein typisches Rassemerkmal. Emdener Gänse sind gute Legegänse und bringen es im Landesdurchschnitt auf circa 35 und mehr Bruteier pro Jahr. Was das Erbrüten der Eier betrifft, kann man sich aber leider nicht auf die Gänsemädels verlassen. Die Brütigkeit wurde zugunsten der Legeleistung weitgehend fortgezüchtet und tritt nur noch in Ausnahmefällen auf. Wer Nachzucht wünscht, muss sich eine Brutmaschine zulegen.

Auch bei der Befruchtung der Eier gibt es hin und wieder mal einen Ausfall, was besonders bei ausschließlicher Landhaltung vorkommen soll. Den schweren Emdener Jungs wird eine gewisse Ungeschicklichkeit beim Tretakt nachgesagt. Deshalb sollte für diese Rasse, genau wie bei den Toulousern, eine Schwimm- oder Badegelegenheit vorhanden sein.

Ein Emdener Gänsepaar hält man am besten nur zu zweit. Hier kann sich der Ganter voll und ganz auf seine „Herzdame" konzentrieren. 1,2 Anpaarungen, also

Zuchtwart Matthias Koch über die Emdener Gänse:

Sie sind aktiv, lebhaft und vor allem sehr wachsam. Tolerante Nachbarn sind also für das Halten dieser Rasse Voraussetzung. Aufgrund ihres sehr skeptischen Wesens sollte man sich die Tiere am besten im Gösselalter kaufen und sie dann richtig verhätscheln. Nur so bekommt man sie schön zutraulich.

ein Ganter mit zwei Gänsen, sind aber auch möglich. Eine erfolgreiche Nachzucht hängt in erster Linie vom Ganter ab. Versteht er sein Handwerk und agiert souverän und gelassen beim Tretakt, wird er auch zwei Gänsedamen mit Erfolg befruchten. Einem nervösen, hektischen Zeitgenossen überlässt man besser nur eine Gans. Sonst kann es passieren, dass dieser vor lauter Übereifer des Öfteren die Balance verliert und so sein Ziel verfehlt. Die erhoffte Nachzucht bleibt dann meist aus.

Wer sich für Emdener Gänse entscheidet, der wird sicher den einen oder anderen Bewunderer dieser wunderschönen reinweißen Gänse an seinem Anwesen verweilen sehen. Und wenn so ein langhalsiges XL-Begrüßungskomitee unter lautem Geschnatter und mit lang gestreckten Hälsen zielstrebig auf Besucher zusteuert, wirkt das durchaus Respekt einflößend.

Pommerngänse

Die Pommerngans oder auch Pommersche Gans stammt von der Graugans ab und gehört zu den historischen Kulturrassen. Aus dem Mittelalter überlieferte Chroniken beweisen, dass es sich um eine sehr alte Rasse handelt. Ihren Ursprung hat sie, wie schon ihr Name sagt, in der Provinz Pommern. Aber auch in der Uckermark, auf der Insel Rügen und im Gebiet um Stralsund wurden diese Gänse auf großen Gütern und in kleineren, landwirtschaftlichen Betrieben gezüchtet. Die Pommerngans gibt es in drei Farbschlägen: Weiß, Graugescheckt und Grau. Am bekanntesten sind wohl die weißen Pommern, doch auch die Schecken und die Grauen haben in den letzten Jahren eine sehr große Verbreitung gefunden. Gerade die gescheckten Pommern gelten wegen ihres attraktiven Äußeren, und weil sie schwer zu züchten sind, bei den Rassegeflügelzüchtern als die „Königsrasse".

Eine graue Pommerngans. (Foto: Ute Weber)

Gescheckte Pommern in Fehlfarben – jede ist anders. (Foto: Dr. Richard Maurer)

Denn nicht jeder Gössel trägt die Erbanlagen für das vom Rassestandard vorgeschriebene Scheckungsmuster. Es gibt viele Fehlfarben, und jede davon ist weitgehend ein Unikat. Für die Züchter sind nur die perfekt gescheckten Tiere wertvoll. Wer sich für die gescheckten Pommern entscheidet und seine Nachzucht auf Ausstellungen zeigen möchte, der muss also schon viele Gänsekinder aufziehen, um einige Ausstellungstiere zu erhalten. Aber eines ist gewiss: Die gescheckte Pommerngans ist eine Augenweide. Nicht umsonst wählte sie der SV der Gänsezüchter als Vereinssymbol.

Pommerngänse sind ausgesprochene Weidetiere und daher besonders für große Grasausläufe geeignet. Auch bei dieser schweren Rasse – der Rassestandard fordert 8 Kilogramm für die Ganter und 7 Kilogramm für die weiblichen Zuchtgänse – begünstigt eine Schwimm- oder Badegelegenheit das Befruchtungsergebnis.

Die Pommerndamen sind in der Regel gute und vor allem sehr zuverlässige Brutgänse. Ihre Legeleistung ist jedoch gering. Viele Junggänse des Vorjahres legen nur 6 bis 8 Bruteier im ersten Jahr. Bei hochrassigen Altgänsen sind es 12 bis 20 Bruteier. Etwas steigern lässt sich der Brutei-Ertrag, indem man der Gans das komplette erste Gelege fortnimmt und die Eier in einer Brutmaschine erbrütet. Dann legt sie häufig nach einer Ruhepause, die sie nach ihrer Brutleistung benötigt, erneut – ebenso wie auch die Wildgänse nach dem Verlust ihres ersten Geleges noch einmal legen und brüten. Bei Junggänsen des Vorjahres sollte man es aus gesundheitlichen Gründen aber zunächst bei einem Gelege belassen. Am besten lässt man die jungen Tiere ohnehin erst im zweiten Jahr brüten, dann haben sie die nötige körperliche Reife dazu.

Pommerngänse sind äußerst fürsorgliche Eltern und kümmern sich mit Hingabe um ihren Nachwuchs. Es gibt wohl nichts Beeindruckenderes, als den sehr engen Familienverband und den Zusammenhalt der Pommerngänsefamilien sowie die natürliche Aufzucht ihrer Gössel mitzuerleben. Wer sich nach einem ereignisreichen Tag eine kleine Auszeit bei seinen Gänsen gönnt, findet hier einen positiven Pol der Harmonie und Entspannung.

Über „meine" Pommerngänse:

Pommerngänse sind ausgeglichene und relativ ruhige Tiere, die sich einen ebensolchen Halter wünschen. Sie hassen nichts mehr als Hektik und reagieren darauf völlig kopflos oder gar aggressiv. Also immer schön langsam mit den Pommern! Dann werden sie zutraulich und anhänglich. Als Paar oder in einer Ehe zu dritt (ein Ganter mit zwei Gänsen) gehalten, machen sie ihr eigenes Ding und fallen nicht weiter auf. Bei besonderen Ereignissen oder einem Streit innerhalb der Gruppe können sie jedoch schon einmal laut werden. Das legt sich aber rasch, wenn wieder alles im grünen Bereich ist. Aufgrund ihrer zugänglichen und unkomplizierten Art ist diese Rasse sehr beliebt. Pommernganter sind im Übrigen sehr fürsorgliche Väter, die auch problemlos fremde Gössel adoptieren.

Diepholzer Gänse

Diese Rasse entstand in einem Landstrich, der für die Gänse nur karges Futter bot – in der hannoverschen Grafschaft Diepholz. Dort wurde sie in den Achtzigerjahren des 19. Jahrhunderts aus leichten einheimischen Landgänseschlägen und den robusten Emdener Gänsen gezüchtet, mit dem Ziel, eine dem Gebiet angepasste Gans zu erschaffen. Diepholzer Gänse können problemlos den ganzen Sommer über mit den mageren Wiesen und Weideflächen ihrer Heimat ohne jede Beifütterung auskommen, sofern diese groß genug sind. Da sie

Diepholzer Gänse sind robust und eignen sich gut für die Weidehaltung. (Foto: Michael von Lüttwitz)

zur Deckung ihres Nahrungsbedarfs oftmals weitläufige Weiden nutzen mussten, war eine hohe Mobilität der Tiere notwendig. Aus diesem Grund konnten sich in der Zucht nur leichtere, bewegliche Typen durchsetzen. Die Ganter wiegen circa 7 Kilogramm, die Gänse 5,5 bis 6 Kilogramm.

Obwohl diese Vögel genügsam sind, handelt es sich trotzdem um eine sehr leistungsfähige, frühreife und fruchtbare Gänserasse. Diepholzer sind gute Brutgänse. Die Legezeit beginnt bei einem Großteil der Tiere bereits im September. Wenn die Gössel künstlich aufgezogen werden, folgt nach der ersten Legeperiode im Winter eine zweite. Die Eier dieses Geleges sind aber, aufgrund der kalten Witterung, erfahrungsgemäß größtenteils unbefruchtet, weshalb man die Eiablage in dieser Zeit nicht mit einem zu reichhaltigen Futterangebot forcieren und auch von einer künstlichen Bebrütung absehen sollte. Für die Aufzucht von Gösseln herrschen im Winter sehr ungünstige Bedingungen. Im Frühjahr folgt noch ein drittes Gelege mit etwa acht bis zwölf Eiern. Nur das ist für Hobbyzüchter interessant. Die daraus schlüpfenden Gössel wachsen in den Sommer hinein und werden der Gans zur natürlichen Aufzucht überlassen. So werden die Kids wohlbehütet groß und man hat keine Arbeit damit. Nimmt man die ersten gelegten Eier

Leichte und bewegliche Typen sind bei den Diepholzern gefragt. (Foto: Michael von Lüttwitz)

Zuchtwart Eckhard Pfalzgraf über die Diepholzer Gänse:

Sie sind lebhafte, wachsame und kontaktfreudige Tiere, die bei entsprechendem Umgang sehr zutraulich werden. Der Kauf von Jungtieren ist anzuraten, weil hier der Halter ihre Prägung auf ihn in die gewünschten Bahnen lenken kann. Ihre „Redefreude“ ist nicht allzu ausgeprägt. Wenn die Gänse genügend Grünland haben, worauf sie fleißig und ungestört Gras zupfen können, hört man sie oft den ganzen Tag nicht. Da Liebhaber in der Regel sowieso nur ein Zuchtpaar halten, dürfte es dahingehend, wenn man nicht einen besonders empfindlichen Nachbarn hat, keine Probleme geben.

zur künstlichen Erbrütung aus dem Nest, was die Züchter größtenteils machen, wird die Legeleistung etwas gesteigert. Die Diepholzer Gans legt dann im Frühjahr laut Züchterangaben 15 bis 20 Eier.

In Bezug auf die Befruchtung gibt es bei dieser Rasse keine Probleme. Aufgrund des relativ geringen Gewichts ist ein Gewässer nicht unbedingt notwendig. Die Befruchtung wird von den Diepholzer Gänseherren auch flink und zuverlässig an Land erledigt. Haben sie aber die Wahl zwischen Land und Wasser, werden sie ihren Tretakt natürlich in Letzterem ausführen. Die Gans gilt als gute Brüterin und Führerin. Diepholzer Gänse haben reinweißes Gefieder. Ihre aufrechte Haltung verleiht dieser widerstandsfähigen Rasse ein stolzes Aussehen.

Deutsche Legegänse auf einer Rassegeflügelschau. (Foto: Michael von Lüttwitz)

Deutsche Legegans

Sie ist eine der jüngsten Gänserassen. In den Dreißiger- und Vierzigerjahren des vorigen Jahrhunderts bemühten sich Gänsezüchter der ehemaligen DDR, aus den vorhandenen, bodenständigen Landgänsen eine Rasse zu entwickeln, die unter den allgemein herrschenden, durchschnittlich guten Weideverhältnissen eine hervorragende Leistung bringen sollte. Mit diesem Ziel wurde die Deutsche Legegans erzüchtet: eine mittelschwere und bewegliche „Hochleistungsgans" mit hoher Legeleistung, die auch einmal etwas weiter marschieren kann, um große Weideflächen optimal zu nutzen. Im Jahr 1941 schien die Deutsche Legegans weitgehend rassisch gefestigt, und so wurde mit der Herdbucharbeit begonnen. Als Mindestanforderung für die Aufnahme in das Herdbuch galt ein Körpergewicht von 6,5 Kilogramm für den Ganter und 5,5 Kilogramm für die Zuchtgans. Als Legeleistung wurden 40 Eier pro Gans festgelegt. Im Kleintierinstitut der Karl-Marx-Universität Leipzig zählte man teils sogar 56 Eier. Aus ökonomischen Gründen (Federgewinnung) wurde diese Rasse nur in Weiß zugelassen. Aufgrund der hohen Zahl anfallender Bruteier und der damit verbundenen Steigerung der „Gösselproduktion" hielten Deutsche Legegänse bald Einzug in die großen genossenschaftlichen Gänsezuchtbetriebe. Hier wurden als Spitzenleistung 40 Gössel pro Gans erzielt. Eine Zahl, die bei den heutigen

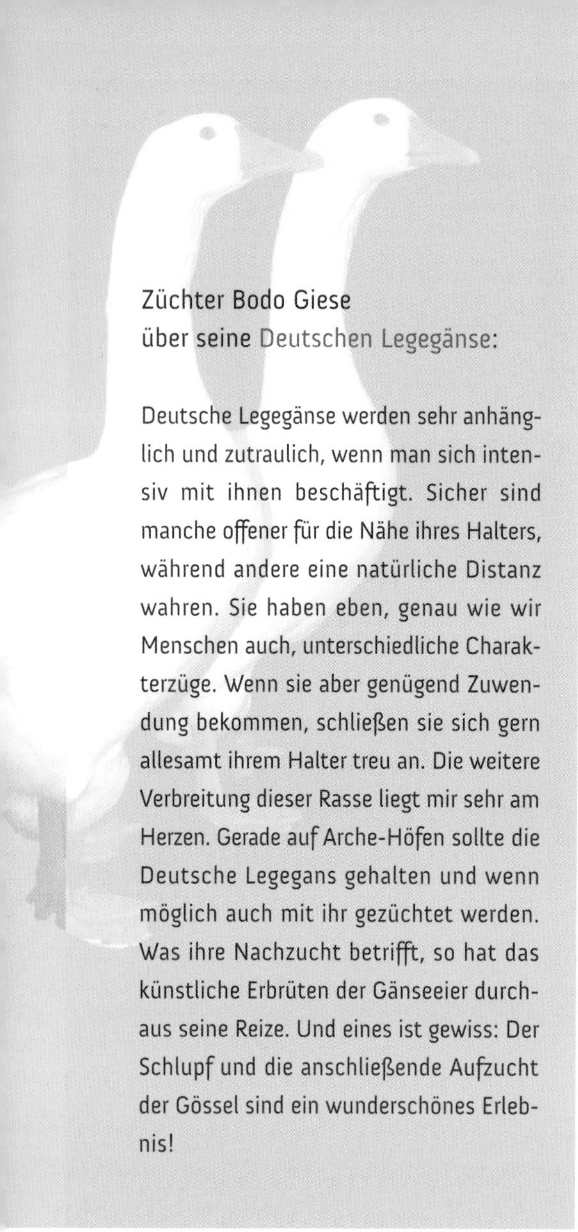

Züchter Bodo Giese
über seine Deutschen Legegänse:

Deutsche Legegänse werden sehr anhänglich und zutraulich, wenn man sich intensiv mit ihnen beschäftigt. Sicher sind manche offener für die Nähe ihres Halters, während andere eine natürliche Distanz wahren. Sie haben eben, genau wie wir Menschen auch, unterschiedliche Charakterzüge. Wenn sie aber genügend Zuwendung bekommen, schließen sie sich gern allesamt ihrem Halter treu an. Die weitere Verbreitung dieser Rasse liegt mir sehr am Herzen. Gerade auf Arche-Höfen sollte die Deutsche Legegans gehalten und wenn möglich auch mit ihr gezüchtet werden. Was ihre Nachzucht betrifft, so hat das künstliche Erbrüten der Gänseeier durchaus seine Reize. Und eines ist gewiss: Der Schlupf und die anschließende Aufzucht der Gössel sind ein wunderschönes Erlebnis!

Ausstellungstieren eine Traumvorstellung bleibt. Zwar legt die Gans durchschnittlich 40 bis 50 Bruteier, aber nicht aus jedem Ei schlüpft ein Gössel.

Leider beschäftigten sich nur wenige private Züchter oder Liebhaber mit der Deutschen Legegans, und so beschränkte sich ihre Verbreitung bis 1990 auf das Gebiet der ehemaligen DDR. Nach der Wiedervereinigung Deutschlands wurde sie jedoch als Rasse in den Geflügelstandard des BDRG (Bund Deutscher Rassegeflügelzüchter) aufgenommen. Heute findet man die Deutsche Legegans nach wie vor in großen Zuchtbetrieben. Bei privaten Züchtern oder Gänsehaltern hat sie sich aber kaum durchgesetzt. Vielleicht liegt es daran, dass zur Ausreizung der Legeleistung ihr natürlicher Brutinstinkt fortgezüchtet wurde. Somit wird, wenn Nachzucht gewünscht ist, der Einsatz einer Brutmaschine fällig. Die Gössel selbst schlüpfen meist rasch und ohne Probleme, denn diese Rasse wurde auf gute Schlupfeigenschaften selektiert. Legegänse hält man am besten nur zu zweit, damit die Befruchtung optimal klappt.

Eigentlich schade, dass dieser Rasse, die mittlerweile ganz oben auf der Roten Liste der vom Aussterben bedrohten Haustierrassen steht, so wenig Aufmerksamkeit zuteil wird. Damit die Legegans vielleicht doch noch den einen oder anderen Liebhaber für sich gewinnt, wurde sie im Jahr 2010 als Rasse des Jahres von dem Gänsezuchtbetrieb Eskildsen gefördert und dem SV Deutscher Gänsezüchter auf den Rassegeflügelausstellungen vorgestellt.

Höckergans

Wer „etwas andere" Gänse sucht, für den sind die exotisch aussehenden Höckergänse genau das Richtige. Die attraktiven Asiaten sind ein echter Hingucker. Die Rasse hat ihren Ursprung in den nordöstlichen und östlichen Gebieten Asiens. Bereits vor mehreren Jahrhunderten wurden Höckergänse in Japan und China als Haustiere gehalten. Von dort brachte man sie im

Bei den eher seltenen weißen Höckergänsen ist die Ähnlichkeit zum Schwan besonders deutlich. (Foto: Michael von Lüttwitz)

18. Jahrhundert nach Europa. Die Höckergans ist ein Abkömmling der im mittleren Ostasien lebenden wilden Schwanengans. Wegen ihres schwanenartigen Aussehens wird sie bis heute teilweise als Schwanengans bezeichnet. Verglichen mit den anderen Rassen gehört sie zu den leichtesten. Die Ganter sollen laut Standard 5 Kilogramm, die Zuchtgänse 4 Kilogramm wiegen. Obwohl klein, verfügen die Höckergänse über eine erstaunliche Legeleistung von mindestens 20 Eiern pro Gelege. Um den Bruteiertrag zu steigern, nehmen einige Züchter die Eier des ersten Geleges komplett fort und erbrüten sie in der Brutmaschine. Die Gans legt dann noch ein zweites, oftmals auch noch ein drittes Mal. So bringt es diese Rasse auch schon einmal locker auf 60, manchmal sogar auf 70 Bruteier pro Gans und Jahr. Die Erbrütung des letzten Geleges überlassen die Züchter der Gans, denn Höckergänse sind gute Brutgänse und zuverlässige Gösselführerinnen.

Da diese Rasse als sehr fruchtbar gilt und der Ganter dementsprechend aktiv ist, sollte er besser mit zwei oder sogar drei Gänsen gehalten werden, damit der tretfreudige Bursche seinen Fortpflanzungstrieb auch in vollen Zügen ausleben kann. Das tut er mit seinen Gänsedamen am liebsten im Wasser. Aber auch auf dem Land verläuft die Befruchtung erfolgreich. Höckergänse gibt es in zwei Farbschlägen, in dem weitverbreiteten wildfarbenen grauen und dem eher seltenen weißen.

Zuchtwart Josef Gunkelmann über die Höckergänse:

Sie sind flinke und bewegliche Vögel mit lebhaftem Temperament. Sie können schon einmal so richtig aufdrehen und sind dann mit ihrer trompetenartigen Stimme nicht zu überhören. Ihre Kommunikationsfreudigkeit ist aber ansonsten der anderer Rassen gleich. Anfänglich sind Höckergänse eher von zurückhaltender Natur; wenn man sie aber als Jungtiere bekommt und sich näher und vor allem intensiv mit ihnen beschäftigt, werden sie schön zutraulich. Höckerganter sind im Übrigen sehr gute und liebevolle Väter, die auch fremde Gössel problemlos adoptieren.

Ein wunderschöner, aber seltener Anblick: die Afrikanische Höckergans. (Foto: Tierfotoagentur.de/A. Winkler)

Afrikanische Höckergans

Sie stammt ebenfalls von der wilden Schwanengans ab, ist aber größer und schwerer sowie wesentlich breiter und tiefer gestellt als die Höckergans. Die Ganter wiegen 8 Kilogramm, die Gänse 7 Kilogramm. Ihre Legeleistung liegt bei 25 bis 40 Eiern. Afrikanische Höckergänse zeigen nur selten Bruttrieb. Diese wunderschönen, aber leider selten anzutreffenden Tiere sind von ruhiger Natur und werden ihrem Halter gegenüber zutraulich und anhänglich. Ein Gänsepaar behauptet jedoch sein heimisches Revier für sich allein und duldet darin keinesfalls andere Gänse.

Steinbacher Kampfgans

Diese Rasse ist dem großen Engagement und Können von Fachleuten aus der ehemaligen DDR zu verdanken. Für ihre Erzüchter stand, das sagt schon der Name, die Kampflust im Vordergrund. Ganterkämpfe spielten in Russland eine ähnliche Rolle wie Hahnenkämpfe anderswo. Mit der Absicht, eine Kampfgans „made in Thüringen" für solche Wettbewerbe einsetzen zu können, wurde die Steinbacher Kampfgans dort aus grauen Höckergänsen, Emdenern, den Landschlägen des Thüringer Waldes sowie der russischen Tula Gans, einer Kampfgans, gezüchtet. 1932 als Rasse anerkannt, fand die Steinbacher Kampfgans außerhalb ihres Ursprungsgebiets aber zunächst kaum eine weitere Verbreitung. Später hat sich das allerdings aufgrund ihres schönen Aussehens – vor allem der blaue Farbschlag ist sehr attraktiv – geändert, und die Rasse hielt Einzug bei vielen Gänseliebhabern und Rassegeflügelzüchtern. Ihre Kampflust hat in der heutigen Zeit jedoch keine Bedeutung mehr. Sie wird, wie jede andere Gänserasse, nach bestimmten Standards gezüchtet und ist auf den großen Rassegeflügelausstellungen in den beiden Farbschlägen Blau und Grau zahlreich anzutreffen.

Zuchtwart Uwe Günther
über die Steinbacher Kampfgans:

Sie ist eine vitale, lebhafte, bewegliche und vor allem sehr wachsame Gans, die bei aufregenden Ereignissen auch schon einmal laut werden kann. Ihrem Halter gegenüber wird sie sehr zahm und anhänglich. Eine Gans, die man einfach gern haben muss. Aber anderen Gänsen gegenüber, insbesondere männlichen Tieren, macht sie ihrem Namen alle Ehre. Diese angezüchtete Aggressivität steckt noch in sehr vielen Tieren, weshalb man ein Gänsepaar nur allein halten kann oder die Paare durch sichere Zäune und genügend Abstand voneinander fernhalten muss.

Geraten zwei Ganter aneinander, gibt es einen heftigen, blutigen Kampf. Selbst Jungganter, die zusammen in einer Gruppe aufgewachsen sind, gehen nach Erreichen der Geschlechtsreife keinem Streit mehr aus dem Weg. Wer mehrere Kampfgänse hält, braucht also tolerante Nachbarn. Ein einzeln gehaltenes Paar macht keine Probleme. Bei zwei Gänsedamen wird es aber schon wieder recht heikel, weil erfahrungsgemäß eine immer ins Abseits gemobbt wird. Trotz einiger Schwierigkeiten ist die Steinbacher Kampfgans eine der populärsten Rassen und erfreut sich auch im Ausland großer Beliebtheit.

Steinbacher Kampfgänse sind aufgrund ihres attraktiven Äußeren sehr beliebt. (Foto: Michael von Lüttwitz)

Die Steinbacher Kampfgans ist eine robuste, widerstandsfähige und bewegliche Weidegans mit guten Bruteigenschaften. Ihr Standardgewicht beträgt 6,5 Kilogramm beim männlichen und 5,5 Kilogramm beim weiblichen Tier. Als Zuchtziel gelten 15 bis 29 Eier. Die tatsächliche durchschnittliche Legeleistung liegt bei 18 Eiern, schwankt aber nach Aussagen der Züchter zwischen 12 und 30 Bruteiern. Altgänse bringen in der Regel zwei Gelege, Junggänse im ersten Jahr oft nur eines. Die Eier der Steinbacher Kampfgans sind für denjenigen, der sie künstlich erbrüten möchte, allerdings eine nervenaufreibende Herausforderung. Auch wenn sie sich während der Bebrütung völlig normal entwickeln, schlüpfen

Ihren Haltern gegenüber werden Steinbacher Kampfgänse sehr zahm und anhänglich. (Foto: Michael von Lüttwitz)

meist nur sehr wenige Gössel daraus. Warum? Diese Frage stellen sich die Züchter seit Jahren. Selbst Untersuchungen von Veterinärmedizinern brachten bislang keinen Aufschluss. Wenn der Schlupf durchschnittlich 42 Prozent beträgt, kann man schon mehr als zufrieden sein. Voraussetzung für den Erfolg in der Kunstbrut sind beste Qualitätsbruteier, die nur sachgemäß gehaltene und gefütterte Zuchtgänse liefern können. Außerdem sollte man Inzucht bei der ohnehin schon sehr „eng gestrickten" Rasse unbedingt vermeiden. Denn auch diese wirkt sich bei Gänsen mit sehr schlechten Schlupfergebnissen aus. Auch in der Naturbrut sind leider keine besseren, eher noch schlechtere Schlupfergebnisse zu verzeichnen. So muss der Züchter sich mit vier bis fünf Gösseln pro Gans und Jahr zufriedengeben.

Lockengänse

Lockengänse sind eine seltene Gänserasse mit besonderem Gefieder. Ein Teil der Konturfedern hat einen durch eine genetische Mutation veränderten Federkiel. Dieser ist bis etwa 2 bis 3 Zentimeter oberhalb der Haut normal, dann spalten sich der Schaft und damit die Federfahne mittig auf. Die Federfahne verliert dadurch ihren Zusammenhalt und dreht sich, wodurch die Lockung entsteht. Die Federn der Lockengänse wachsen stärker und werden länger als bei Gänsen mit normaler Federanlage. Das begünstigt die Lockenbildung. Zuerst wurden diese Mutationen bei Gänsen in Südosteuropa und am Schwarzen Meer beobachtet. Bei uns kam es Mitte des 19. Jahrhunderts zur Rassenbildung aus weißfiedrigen Landgänseschlägen mit derartigen Mutationen. Die Verbreitung der Lockengänse war bis 1990 auf die ehemalige DDR beschränkt. Mit der Wiedervereinigung wurde die Rasse in den BDRG-Geflügelstandard aufgenommen.

Zuchtwart Paul Bauer über die Lockengänse:

Sie sind ruhige und damit nachbarnfreundliche Vögel, die durchaus sehr zutraulich werden, wenn man sie als Gössel oder Junggänse bekommt und sich viel mit ihnen beschäftigt. Lockengänse sind eine Zierde. Aus diesem Grund sieht man sie häufiger in Zoos und Parkanlagen.

Lockengänse im Schnee – hier bleibt das Gefieder schön sauber. (Foto: Michael von Lüttwitz)

Die Lockung soll diesem zufolge möglichst lang und gleichmäßig ausgebildet sein und beidseitig von Schulter und Rücken dicht herabhängen. Doch solche „Schönheitsideale" sind selten. Anfangs sehen alle Gössel gleich aus, denn ihre Erstlingsdaunen sind völlig normal beschaffen. Wenn bei den halbstarken Junggänsen das Federkleid voll ausgebildet ist, trennt sich die Spreu vom Weizen. Von allen nachgezogenen Tieren entwickeln 50 Prozent die vom Standard vorgeschriebene Lockung. 25 Prozent sind an allen Körperpartien, bis auf den Hals, gewellt. Diese Tiere werden als struppfiedrig bezeichnet. Die restlichen 25 Prozent haben ein normales, glattes Federkleid. Für die Züchter, die ihre Gänse

Das Federkleid der Lockengänse ist eine optisch sehr attraktive Laune der Natur. (Foto: Michael von Lüttwitz)

ausstellen, sind nur die ideal gelockten interessant. Bei den Gänseliebhabern spielt das Aussehen oft nur eine untergeordnete Rolle. Hier gilt: Schön ist, was gefällt, und eines ist sicher: Egal, welches Tier man sich aussucht, es wird ein Unikat sein.

Lockengänse gehören als kleinere Rasse zu den leichten Brutgänsen. Die Ganter wiegen im Durchschnitt 6 Kilogramm und ihre gelockten Damen 5 Kilogramm. Die Gänse gelten als gute Brüter und Führerinnen. Ihre Legeleistung schwankt zwischen 12 und 50 Eiern.

Wer sich für diese Rasse entscheidet, sollte den Tieren ein ausreichend großes Gewässer zum Baden anbieten, damit sie ihre weiße Lockenpracht sauber halten können. Der Auslauf muss so beschaffen sein, dass er bei Regenfällen nicht allzu matschig wird, sonst leidet das Gefieder dieser Schönheiten große Not. Ansonsten stellen sie in der Haltung keine anderen Ansprüche als andere Rassen.

Böhmische Gans

Im fruchtbaren böhmischen Landesteil des heutigen Tschechien wurde aus einem alten böhmischen Landgänseschlag die Böhmische Gans (ehemals Tschechische Gans genannt) entwickelt. Ende der Sechzigerjahre holte man die Tiere in die ehemalige DDR, mit dem Ziel, die dortige wirtschaftliche Gänseproduktion anzukurbeln. Schon sehr bald wurden Rassegeflügelzüchter auf die kleinen charismatischen „Böhmen" aufmerksam, und so hielt diese Rasse Einzug in einige private Gänsezuchten. Mit ihrer grazilen Schönheit und ihrer Fruchtbarkeit begeisterte die Böhmische Gans viele weitere private Züchter und war schon bald so beliebt, dass sie in den Siebzigerjahren in den Rassegeflügelstandard des VKSK (ehemaliger Rassegeflügelzüchterverband der DDR) und 1991 in den Standard des BDRG aufgenommen wurde. Böhmische Gänse sind

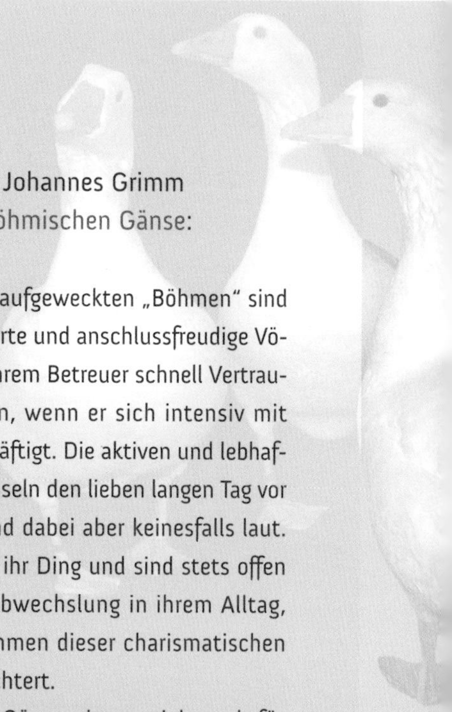

Zuchtwart Johannes Grimm über die Böhmischen Gänse:

Die kleinen aufgeweckten „Böhmen" sind unkomplizierte und anschlussfreudige Vögel, die zu ihrem Betreuer schnell Vertrauen aufbauen, wenn er sich intensiv mit ihnen beschäftigt. Die aktiven und lebhaften Tiere wuseln den lieben langen Tag vor sich hin, sind dabei aber keinesfalls laut. Sie machen ihr Ding und sind stets offen für etwas Abwechslung in ihrem Alltag, was das Zähmen dieser charismatischen Gänse erleichtert.
Böhmische Gänse eignen sich auch für kleinere Ausläufe. Ein Gänsepaar möchte sein Revier aber keinesfalls mit anderen teilen. Da sind sie sehr eigen, denn die Böhmen verfügen noch über den ursprünglichen Wildganscharakter, weshalb auch eine Ehe zu dritt nur machbar ist, wenn die jungen Tiere gleichzeitig zusammengeführt werden und sich möglichst alle drei noch nicht kennen. In einen bestehenden Zuchtstamm kann keine weitere Gans im Nachhinein integriert werden. Da reagiert die Altgans sehr zänkisch.

Präsentation von Böhmischen Gänsen auf einer Rassegeflügelausstellung. (Foto: Michael von Lüttwitz)

ausgesprochene Weidetiere und daher sehr fleißige Grasrupfer. Dazu passen ihre kleine, gedrungene, stämmige Gestalt und ihr kurzer Hals. Diese kleinen weißen „Wattebäuschchen", wie sie der erste Vorsitzende des SV der Gänsezüchter, Jürgen Schelberger, zu nennen pflegte, gehören zu den leichten Legegänsen. Das Gewicht der Ganter soll 4,5 bis 5 Kilogramm, das der Gänse 4 bis 4,5 Kilogramm betragen. Die Legeleistung dieser Gänse kann bei bis zu 40 Eiern liegen. Böhmische Gänse sind sehr gute Brutgänse, die ihre Jungen mit Hingabe führen. Da sie ihr Brutgeschäft selbstständig erledigen, eignet sich diese Rasse für berufstätige Gänseliebhaber und Züchter. Eine Schwimm- oder zumindest eine Badegelegenheit kommt ihrem temperamentvollen Wesen sehr entgegen.

Celler Gans

Die Celler Gans ist eine der jüngsten Gänserassen. Zu Beginn der Sechzigerjahre begannen zwei Mitarbeiter der Bundesforschungsanstalt für Kleintierzucht in Celle, Dr. Martin Lühmann und Friedrich Wilhelm Heckmann, mit der Erzüchtung dieser Gänserasse. Ihr Ziel war eine Rasse mit optimalen Muttereigenschaften, bei der auf jegliche künstliche Erbrütung verzichtet werden

Celler Gänse zählen zu den jüngsten Gänserassen und eignen sich sehr gut für die Hobbyzucht. (Foto: Manfred Ditschler)

kann, damit dem Hobbyhalter die Inanspruchnahme von Brutmaschinen erspart bleibt. Dazu sollte sie genügsam und wetterfest sein sowie eine für den Kleinzüchter maßgeschneiderte Legeleistung von 15 bis 20 Eiern haben. 1963 erwarben die Züchter im Harz-Heide-Raum braune und braun gescheckte Landgänse als Ausgangstiere und begannen 1964 in Offensen, Kreis Celle, mit der Zucht. Man hatte sich für diese Tiere entschieden, weil bekannt war, dass Gänse mit der selten vorkommenden, rezessiv vererbbaren braunen Farbe sehr gute Muttereigenschaften besitzen, sicher brüten und ein ruhiges Wesen haben. 1973 wurden die Celler Gänse in den Rassegeflügelstandard aufgenommen und dadurch bekannt. Ihr Durchbruch erfolgte jedoch erst in den

Zuchtwart Heinrich Wiedenroth
über die Celler Gänse:

Sie sind leichtfüßige, bewegliche Tiere, die aufgrund ihres eher ruhigen Wesens sehr nachbarnfreundlich sind. Alles, was ein Zuchtpaar zum Glücklichsein braucht, ist sein eigenes, möglichst störungsfreies Reich. Dann ist es oft den ganzen Tag nicht zu hören. Aufgrund ihres ausgeglichenen Charakters und der gelassenen Art werden Celler bei ruhigem Umgang schnell zutraulich und zahm.

frühen Achtzigerjahren. Die Celler Gänse zählen mit einem Gewicht der Ganter von 5,5 bis 6,5 Kilogramm und 4 bis 6 Kilogramm bei den Gänsen zu den mittelgroßen Brutgänsen.

Elsässer Gans

Die Elsässer Gans wurde im Jahr 1988 in den deutschen Rassegeflügelstandard aufgenommen und gehört ebenso wie die Celler Gans zu den jüngsten Hausgänserassen. Die Elsässer Gans soll in den kleineren Tälern des Unterelsass aus Kreuzungen zwischen der wilden Graugans und der langhalsigen

Zuchtwart Reinhold Schaub und Züchter Erich Oßwald über die Elsässer Gänse:

Die Elsässer Gänse sind zutraulich, anhänglich und sehr wachsam. Sie behalten ihr Revier stets aufmerksam im Auge. Bei Ereignissen äußern sie sich auch schon einmal lautstark, beruhigen sich aber in der Regel relativ schnell, wenn für sie wieder alles im grünen Bereich ist. Aufgrund ihrer Selbstständigkeit ist diese Rasse sehr beliebt.

Die elegante Elsässer Gans gleicht äußerlich der wilden Graugans. (Foto: Michael von Lüttwitz)

chinesischen Schwanengans entstanden sein. Äußerlich gleicht sie der Graugans und ist somit die ideale Rasse für alle Konrad-Lorenz-Fans. Auch sonst trägt die feine, elegante Gans noch viele Eigenschaften ihrer wilden Vorfahren in sich. Sie ist mit einem Gewicht von 4,3 Kilogramm bei den Gänsen und 5 Kilogramm bei den männlichen Tieren durchaus flugfähig, wird aber, wenn sie sich in ihrem heimischen Revier wohlfühlt, so gut wie keinen Gebrauch davon machen. Warum soll sie auch, wenn dort all ihre Bedürfnisse erfüllt werden? Lediglich wenn im Herbst mit dem Vogelzug ein Schwarm Wildgänse am Himmel vorbeizieht, kommt ihr Blut instinktiv etwas in Wallung. Das ist normal bei Rassen, die der Wildgans noch sehr nahe sind. Ihre etwaige Unruhe beschränkt sich aber in dem Fall fast nur auf Aktivitäten am Boden, denn selbst wenn sie wollte, könnte sie aufgrund ihrer mangelnden Flugkondition nicht voll durchstarten.

Auch die Legeleistung der Elsässer Gans bewegt sich mit 12 bis 13 Eiern eher im Wildgansbereich. Um den Brutei-Ertrag etwas zu steigern, nehmen manche Züchter ihr die Eier des ersten Geleges komplett fort und erbrüten diese in der Brutmaschine. Sie legt dann, genau wie die Wildgans, nach einer Ruhepause ein zweites Gelege. Elsässer sind sehr gute Brutgänse und zuverlässige Mütter. Es gibt sie in zwei Farbschlägen, dem ursprünglichen, weitverbreiteten wildfarbig grauen und dem später hinzugekommenen, eher seltenen grau-weiß gescheckten.

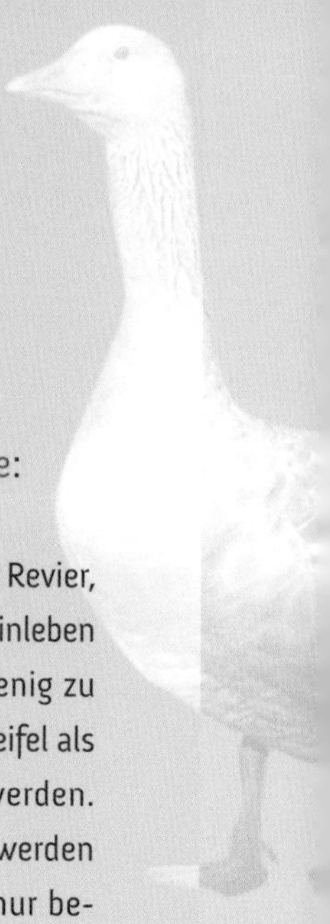

Zuchtwart Andreas Holl über die Fränkischen Landgänse:

Ein Zuchtpaar möchte sein eigenes Revier, in dem es ungestört in den Tag hineinleben kann. Dann ist von den beiden wenig zu hören und die Rasse kann ohne Zweifel als nachbarnfreundlich bezeichnet werden. Aufgrund ihrer Nähe zur Wildgans werden Fränkische Landgänse allerdings nur bedingt zutraulich. Es bedarf schon ein wenig Geduld, bis sich die vorsichtigen Vögel ihrem Besitzer anschließen. Auch hier gilt: Je jünger das Tier, umso eher wird es zum Freund. Aber eines mag die Rasse auf gar keinen Fall: angefasst werden. Darauf reagieren Fränkische Landgänse mit ihrem natürlichen Fluchtinstinkt. Ansonsten aber freuen sie sich über das Erscheinen ihres Halters und bekunden diese Freude, indem sie sofort schnatternd herbeieilen.

Fränkische Landgans

Die Fränkische Landgans ist eine sehr alte und bodenständige Gänserasse Frankens, die früher äußerst zahlreich entlang des Mains und in der fränkischen Saalegegend anzutreffen war, im Lauf der Zeit aber immer mehr von der Bildfläche verschwand. Mit viel Engagement und Herzblut setzte sich der Züchter Ernst Mensinger aus Geiselwind dafür ein, dass für diese Rasse nicht das Sterbeglöckchen läutete, sondern sie ihren Weg zurück in die Stallungen vieler Gänse - halter fand.

Heute ist die Fränkische Landgans beliebter denn je, was sie sicherlich in erster Linie ihrer unkomplizierten Art zu verdanken hat. Denn diese Rasse steht den Wildgänsen noch sehr nah und verfügt daher über eine hohe natürliche Intelligenz und Wachsamkeit. Dazu ist sie äußerst zuchtfreudig und erledigt ihre Brut selbstständig und sehr zuverlässig. Die Gelege von 12 bis 15 Eiern schlüpfen meist vollzählig. Fränkische Landgänse gelten als sehr fürsorgliche Eltern, die ihre Gössel sicher aufziehen. Diese robuste Rasse ist ebenso widerstandsfähig wie die Wildgänse, was ihre Haltung leicht macht. Das Richtige also für berufstätige Gänseliebhaber und Züchter.

Die charismatischen „Franken" bestechen mit ihrer wunderschönen hellblauen Gefiederfarbe und dem feinen weißen Federsaum. Die mittelgroßen, leicht gedrungen wirkenden Landgänse sind bewegliche Tiere. Das Gewicht der Ganter liegt bei 5 bis 6 Kilogramm, die Gänse sind mit 4 bis 5 Kilogramm etwas leichter.

Die charismatischen Franken zeichnen sich durch eine attraktive Gefiederfarbe aus. (Foto: Beate Meisenzahl)

Auf Lippegänse trifft man heute leider nur noch äußerst selten. (Foto: Michael von Lüttwitz)

Rote Liste der vom Aussterben bedrohten Gänserassen

Last, not least möchte ich Sie auf sechs Gänserassen hinweisen, um die sich leider nur noch wenige Züchter kümmern. Einige davon wurden hier bereits vorgestellt. Wer Gutes tun möchte, nimmt sich einer dieser auf der Roten Liste verzeichneten Rassen an.

Extrem gefährdet	Stark gefährdet	Zur Beobachtung
Lippegans	Diepholzer Gans	Bayrische Landgans
Leinegans		
Deutsche Legegans		
Emdener Gans		

Es kann der Frömmste nicht in Frieden leben ... – Gänse und die lieben Nachbarn

Wer diese majestätischen Federtiere zu Hause halten möchte, der sollte unbedingt die Einstellung seiner Nachbarn dazu prüfen. Sonnenanbetende Gartenfans, die das Wochenende häufig mit einem Grillwürstchen im Grünen verbringen, sollte man vorher unbedingt fragen, ob sie mit der Haltung einverstanden sind – „vorn gerührt, brennt hinten nicht an". Denn Gänse können schon einmal für recht lautstarkes Spektakel sorgen, zum Beispiel, wenn etwas sie beunruhigt oder sie sich streiten. Aber auch ihr freudiges „Trompeten" ist nicht zu überhören. Es erklingt, wenn ihr menschlicher Freund sie morgens aus dem Stall lässt, wenn es Futter gibt oder einfach nur, weil sie sich über die Anwesenheit ihres Halters freuen. Ab und an äußern sich die Gänse nun mal, wie andere Tiere das auch tun, obwohl ihre Schnatterfreude, wie in den Rasseporträts nachzulesen, von Rasse zu Rasse unterschiedlich ist. Was die Kommunikation dieser Tiere untereinander betrifft, versichere ich Ihnen aber, dass ein einzeln gehaltenes Gänsepaar oft den lieben langen Tag mit Graszupfen, Baden oder Vor-sich-hin-Dösen beschäftigt und so gut wie nicht zu hören ist. Bei zwei Paaren wird schon etwas mehr geschnattert, besonders wenn die beiden männlichen Tiere in Streit geraten und miteinander kämpfen. Dann feuern die Gänsedamen ihre „Ehegatten" so lautstark an, dass der halbe Ort sie hören kann. Auch bei einer Horde halbstarker Junggänse, die die Geschlechtsreife erlangt haben, steigt der Lärmpegel an manchen Tagen steil in die Höhe. Gerade wenn es Konflikte in der Gruppe gibt oder ein Tier sich nicht gut behandelt fühlt, sprengen Gänse mitunter mehrmals am Tag das Dezibel-Limit. Je nach Nervenkostüm der Nachbarn sollte man gewisse lebhaftere Rassen meiden. Vielleicht legen sich ja die letzten nachbarschaftlichen Bedenken, wenn sie allen Beteiligten die Rasseporträts bei einem Gläschen Rosé vorlesen und sie so in die Entscheidung miteinbeziehen.

Nachdem Sie sich für eine Rasse entschieden haben, möchten Sie sicher genau wissen, was Gänse alles brauchen, um glücklich zu sein. Hier also die Wunschliste der Langhälse auf einen Blick: ein weitläufiges, gut bewachsenes Grünland mit einem schattigen Plätzchen zum Dösen, eine Badegelegenheit, ein geräumiger, raubzeugsicherer Stall zum Schlafen sowie immer frisches Trinkwasser, ausreichend gesundes Futter und natürlich Menschen, die sie lieben. Nun folgen die Details.

Wie Gänse leben wollen

Der Auslauf

Eine grundlegende Voraussetzung für das Halten von Gänsen ist eine ausreichend große Weidefläche, auf der sich die Tiere genügend bewegen und nach Herzenslust fressen können. Gänse sind von Natur aus Weidetiere und haben eine ausgesprochene Vorliebe für Grünzeug. Diese Ernährungsgewohnheit pflegt auch die Stammmutter unserer

Gänse brauchen Auslauf auf möglichst großen Flächen. (Foto: Dr. Richard Maurer)

Hausgänse, die heute noch wild lebende Graugans, die sich ebenfalls rein vegetarisch von Gräsern, Blättern und Trieben bestimmter Landpflanzen ernährt.

Am liebsten weiden Gänse auf einer großen Fläche ohne Buschwerk, denn sie möchten als „Augentiere" alles überblicken können und sich eventuell im Gebüsch lauernden Gefahren gar nicht erst aussetzen. Laut aktueller Fachliteratur werden pro Gans circa 200 Quadratmeter Weidefläche veranschlagt. Meines Erachtens gilt das aber eher für größere Gänsebestände (Wirtschaftsgeflügel), bei denen aufgrund der großen Tierzahl eine weitläufige Fläche zusammenkommt. Für zwei privat gehaltene Gänse finde ich 400 Quadratmeter auf Dauer zu wenig und nur dann vertretbar, wenn es sich um eine leichte Gänserasse handelt. Die schweren Rassen jedoch verputzen täglich schon eine sehr beachtliche Menge an Grünfutter. Hier sollten es meiner Erfahrung nach mindestens 800 Quadratmeter für ein Gänsepaar sein. Wir unterteilen unsere Grünflächen in Portionsweiden. Das kommt den langhalsigen Vegetariern bei ihrer Nahrungssuche entgegen. Gänse in freier Wildbahn würden niemals nur auf einem Platz fressen, sondern sich ständig nach frischem und abwechslungsreichem Grünzeug umsehen. Außerdem wird durch Portionsweiden das Pflanzenwachstum geschont, denn Gänse haben einen kurzen, scharfen Biss. Auch der Hygiene ist es allemal zuträglich – was die Gänse vorn hineinfuttern, kommt hinten auch wieder sehr reichlich heraus. Allerdings fressen Gänse nicht alles, was auf der Weide

Gänse sind Weidetiere und sollten sich daher von reichlich Grünzeug ernähren dürfen. Das Bild zeigt die sehr seltenen Leinegänse. (Foto: Michael von Lüttwitz)

wächst, weshalb nach dem Umtrieb die benutzte Fläche nachgemäht werden sollte, um wieder einen einheitlichen Pflanzenwuchs zu erreichen. Darüber freuen sich die Langhälse beim nächsten Umtrieb, denn sie bevorzugen Weidebestände mit einer Wuchshöhe von 10 bis 15 Zentimetern.

Weidequalität

Die Anforderungen an eine Weide hängen in erster Linie von der Gänserasse ab, für die sie bestimmt ist. Eine stattliche Emdener oder Pommerngans braucht zum Beispiel beste Weide auf fruchtbaren Marschböden, die Diepholzer kommt auch mit knapperem Weidefutter, wie es auf kargeren Sandböden wächst, zurecht. Bei bester Weidequalität kommen die Gänse mit weniger Fläche aus, bei magerer Weide benötigen sie mehr. Wer ein Hanggrundstück besitzt, wo auf das Rasenmähen stets Rückenschmerzen folgen, der kann seine Gänse dieses getrost abweiden lassen. Vorausgesetzt, es ist nicht so steil, dass man sich erst anseilen muss, um die Tiere nach Hause zu treiben.

Gänseliesel

Da Gänse sich ebenso gut hüten lassen wie Schafe, kann man sie auch einmal an Wegränder oder sonstige unbestellte Flächen

Ein Badeausflug zum See bringt Mensch und Gänsen Freude. (Foto: Fotonatur.de/Tanja Askani)

treiben. Mit einem Hütestöckchen lassen sie sich prima dirigieren. Der Weg zur Weide darf für Gänse ruhig etwas weiter sein, denn sie sind gut zu Fuß. Sie sollten aber nicht dorthin gejagt werden, sondern in ihrem normalen Schritt laufen dürfen. In Richtung Heimat gehen sie meist von sich aus schneller, manchmal halb fliegend und halb rennend. Da sie stets „barfuß" unterwegs sind, muss man steinige Wege meiden, weil es sonst leicht zu Fußverletzungen kommt, die nur sehr schwer wieder heilen. Der herbstliche Ausflug auf eine Streuobstwiese ist für Gänse übrigens das kulinarische Highlight überhaupt. Ein Stoppelacker, auf dem die Tiere nach ausgefallenen Getreidekörnern suchen dürfen, bringt ebenfalls Abwechslung in ihren Alltag. Zu lange sollten die Gänse jedoch nicht auf den harten Stoppeln herumlaufen, sonst leiden ihre Füße Not. Egal, wohin Ihr gemeinsamer Ausflug geht, eines kann ich Ihnen versichern: In der Freizeit „Gänseliesel" oder „Gänsehirt" sein macht Spaß. Gerade berufstätige Menschen können bei so einem Ausflug einmal die Seele baumeln lassen. Sind die Gänse zu Freunden geworden, ist ein Familienpicknick mit ihnen ein Erlebnis der GANS besonderen Art.

Schattenplätze

An Schattenplätzen darf es auf der Weide niemals fehlen, damit die Gänse vor der prallen Sommersonne Schutz finden können. Schließlich tragen sie das ganze Jahr über eine dicke Daunenjacke. Ein alter Baumbestand ist als Schattenspender ideal, eine selbst gebaute Schutzhütte die Alternative. Wir haben zwei bewegliche landwirtschaftliche Anhänger, die mit einigen Holzbrettern vergrößert wurden, um mehr Schattenfläche zu erzielen. Durch Versetzen liegen die Tiere nicht immer auf einem Platz.

Die Zäune

Gänse lieben die Freiheit und laufen am liebsten auf unbeschränktem Grasland. Leider können nur wenige Halter ihren Tieren diesen Wunsch erfüllen. Wer noch keinen festen Auslauf hat, der muss sich wohl oder übel Gedanken über die Einzäunung seiner zukünftigen Gänseweide machen. Der altbewährte, grün ummantelte Maschendrahtzaun ist unbestritten die pflegeleichteste und langlebigste Einzäunung. Für größere Grundstücke muss man hierfür jedoch schon etwas tiefer ins Portemonnaie greifen. Wir haben unsere eigenen Grünflächen rundherum mit Wildschutzzäunen eingefasst. Hier ist darauf zu achten, dass der Zaun nach unten engmaschiger wird, sonst zwängen sich kleinere Junggänse hindurch. Eine Mindesthöhe von 1 Meter ist empfehlenswert. Wer Probleme mit Füchsen hat, sollte höhere Zäune bauen und den unteren Bereich der Außenpfosten (auf Fuchshöhe)

Sichere Weideeinzäunung mit Elektrolitze. (Foto: Marion Bohn-Förder)

mit drei Reihen Elektrozaun umspannen, der auch nachts aktiviert ist.

Wir verwenden Breitband-Elektrolitzen auch für die Portionsweiden, auf die wir unsere Tiere tagsüber treiben. Für Strom sorgt ein handelsübliches Weidezaungerät. Bewährt haben sich bei unseren Pommerngänsen drei Reihen Litze im Abstand von je 15 Zentimetern. Die unterste beginnt 15 Zentimeter über dem Boden. Mithilfe einer Motorsense halten wir den Grasbewuchs darunter kurz, um eine Erdung zu verhindern. Für kleine Gänserassen muss der Reihenabstand eventuell etwas verkleinert werden. Hier sorgen vier Reihen Litze für die nötige Höhe. Ich möchte aber darauf hinweisen, dass die Koppeln in der Nähe unseres Wohnhauses liegen. Für außerhalb liegende Grundstücke ohne Aufsicht würde ich wegen des Raubzeugs immer eine feste und sichere Umzäunung bauen.

Versetzbare Gatter eignen sich für die Portionsweidenhaltung im Garten hervorragend. Man baut sich aus Latten einen stabilen Rahmen, beispielsweise 2 bis 3 Meter lang und ungefähr 60 Zentimeter hoch. Gänse sind sehr neugierig, weshalb der Abstand zwischen den Latten so bemessen sein muss, dass die Gans nicht mit dem Kopf hängen bleiben kann, wenn sie ihn hindurchsteckt. Für Gössel und Junggänse bespannt man die Lattenrahmen am besten mit stabilem Volierendraht, was zwar etwas teurer ist, dafür aber sicher und langlebig. Mehrere Rahmen miteinander verbunden (beispielsweise durch Haken und Ösen), verschaffen die Möglichkeit einer beliebigen Aufstellung. Gerade für Gössel, die immer in frischem Gras sein sollten, ist diese Einzäunung ideal.

Handelsübliche Geflügelnetze, wie sie in der Hühner- oder Schafhaltung verwendet werden, sind bei Gänsen jedes Alters mit großer Vorsicht zu benutzen und nur in Verbindung mit einem leistungsstarken Weidezaungerät einsetzbar. Gänse zerren und knabbern an allem herum, was ihr Interesse weckt. Verfangen sie sich dabei in den Maschen, werden die Tiere panisch und verstricken sich dadurch oft noch fester in dem Gitternetz. Durch den unsachgemäßen Einsatz solcher Netze haben sich schon viele Gänse zu Tode stranguliert. Also wenn, dann nur mit Strom! Zwei rivalisierende Ganter jedoch hält auch dieser oft nicht ab. Daher sind solche Netze keinesfalls für das Abtrennen von Zuchtstämmen geeignet.

Auch Zäune mit nebeneinandergenagelten Latten können es in sich haben. Das Pech will es, die Gans zwängt ihren Kopf zwischen die Latten und bekommt ihn nicht mehr heraus. Sie wird dann in ihrer Panik so lange versuchen, sich zu befreien, bis sie erstickt ist. Niedrigere Zäune mit oben angespitzten Latten sollten bei Gänsen generell mit Querlatten an den Spitzen versiegelt werden. Denn auch hier sind schon Gänse beim Versuch, darüberzufliegen, hängen geblieben und haben sich tödliche Verletzungen zugezogen. Man zahlt im Lauf der Jahre immer wieder Lehrgeld. Aus diesem Grund lege ich heute besonderen Wert auf die Unfallverhütung.

Zum sicheren Abtrennen von Zuchtstämmen bedarf es spezieller Maßnahmen. Gänsepaare, deren Ausläufe an einer Zaunseite direkt nebeneinanderliegen, sind immer ein Garant für reichlich Stress, denn eine einfache Zaunreihe genügt hier keinesfalls zur Abtrennung. Da jedes Paar sein Revier verteidigt, geraten die Tiere immer in höchste Erregung, wenn sie sich sehen. Angefeuert durch den lautstarken Zickenterror der Gänsedamen, werden die rivalisierenden Ganter sich durch die Zaunlücken hindurch heftigst beißen. Auch wenn der Zaun relativ dicht erscheint, eines versichere ich Ihnen: Gänse haben den ganzen Tag Zeit und werden eine Lücke finden, durch die sie sich gegenseitig ihre Schnäbel zerfetzen und wo sie sich im schlimmsten Fall auch noch eine Flügelfraktur zuziehen. Zuchtpaare hält man am sichersten durch eine

Gänse sind ausgesprochen neugierig.
(Foto: Beate Meisenzahl)

doppelte Zaunreihe mit einem ausreichenden Zwischenabstand voneinander fern. An einigen Punkten, besonders in der Nähe des Stalls, können günstige Flechtzäune vom Baumarkt für Sichtschutz und einigermaßen Ruhe sorgen. Wer die Möglichkeit hat, sollte aber, in seinem und im Interesse der Tiere, erst gar nicht eine solche Vis-à-vis-Haltung planen.

Bei sehr großen, uneingezäunten Arealen gehen sich normal veranlagte Ganter nach anfänglichen Rangordnungskämpfen in der Regel aus dem Weg.

Perfektes Gänseglück: freier Zugang zu fließendem Gewässer. (Foto: Ute Weber)

Die Trinkwasserversorgung

Eine ausreichende Versorgung mit Wasser muss für die Gänse ebenfalls gewährleistet sein. Gänsehalter, bei denen ein größerer Bachlauf durch die Wiese fließt, sind zu beneiden. Wahre Glückspilze sind diejenigen, die ihren Gänsen ein großes Naturgewässer mit ständigem Frischwasserzulauf bieten können. Vorausgesetzt, die Wasserqualität stimmt, ist die Wasser- und Badefrage damit geklärt. Besitzer eines kleinen stehenden Gewässers sollten lieber, wie wir, Wasserschläuche an- oder umstecken und Wassereimer tragen. Der Gesundheit ihrer Gänse zuliebe. Denn gerade in kleinen Tümpeln erfolgt keine ausreichende biologische Selbstreinigung. Koten dann noch Gänse hinein, gleicht das Wasser sehr schnell einer Jauche, und trinken die Tiere davon, bleiben Krankheiten nicht aus. Gänse sind durstige Seelen und brauchen daher stets frisches Trinkwasser. Wir verwenden für unsere Junggänse auf der Weide die handelsüblichen 30-Liter-Syphontränken, die auf einen festen, höheren Sockel gestellt werden. Die lohnen sich jedoch nur für größere Bestände. Unsere Zuchttiere bekommen ihr Wasser aus 10-Liter-Doppelzylinder-Geflügeltränken. Diese Größe gibt es mit breiterem, für Gänse geeignetem Trinkrand. Aufgrund ihres Fassungsvermögens stehen sie stabil. Als Hocker verwenden wir umgedrehte Getränkekisten aus Kunststoff. So können die Gänse bequem trinken, ohne dass sie sich bücken müssen. Diese Doppelzylindertränken haben den Vorteil, dass keine Wildvögel hineinkoten, wie das bei Eimern manchmal der Fall ist, und das Wasser nicht verschmutzt. Denn Gänse planschen für ihr Leben gern und tragen so allerlei Erde und Grünzeug in einen Wassereimer. Das schadet der Qualität des Trinkwassers, besonders im Hochsommer. Außerdem werfen größere Rassen ihre Eimer prinzipiell um. Und vor einem kann ich nur jeden Gänsehalter warnen: Auf einem Auslauf mit kleineren Gänsen oder Junggänsen sollte nie ein hoher, befüllter Wassereimer stehen. Bei ihren Badebewegungen kann es passieren, dass die Gans plötzlich kopfüber in dem Eimer steckt und ertrinkt.

Auch Gänse wünschen sich an warmen Tagen kühles Trinkwasser, weshalb die Tränken nur an dauerhaften Schattenplätzen stehen sollten. Das Trinkwasser muss täglich erneuert und die Tränken sauber gespült werden, denn auf dem Kunststoff bildet sich sonst sehr schnell ein unappetitlicher Bioschmierfilm. Von dem Verwenden von Dachwasser möchte ich unbedingt abraten, da dieses häufig mit dem Kot von Wildvögeln verunreinigt ist.

Tipp für die Trinkwasseraufwertung

Wer seinen Gänsen Gutes tun möchte, kann im Sommer etwas Apfelessig in das Trinkwasser geben: 100 Milliliter auf 10 Liter Wasser. Das erzeugt auf Dauer ein leicht saures Milieu im Darm, was die Abwehrkräfte der Vögel stärkt.

An warmen Tagen freuen sich Gänse über eine kühle Dusche. (Foto: Marion Bohn-Förder)

Das tägliche Bad

Gänse in freier Wildbahn verbringen die Hälfte ihres Tages schwimmend. Genau wie ihre wilde Verwandtschaft wünschen sich auch unsere Hausgänse eine Badegelegenheit, um sich rundherum wohlzufühlen. Gänse müssen täglich den Kopf gut unter Wasser tauchen können, um Schmutzpartikelchen aus ihren Augen und den Nasenöffnungen zu spülen. Ein ausgiebiges Bad ist auch für ihr Federkleid sehr wichtig. Der Körperpflege widmen Gänse viel Zeit und Aufmerksamkeit. Sie glätten ihr Gefieder mit dem Kopf und fetten es dabei gleichzeitig ein. Das ölige Sekret hierfür entnehmen sie ihrer Bürzeldrüse. Mithilfe des Wassers können sie es wesentlich besser und gleichmäßiger auf ihrem Körper verteilen. Diese natürliche fettige Imprägnierungsschicht hält die Federn schön geschmeidig und schützt die Tiere vor Durchnässung. Das Einfetten ist sehr wichtig, denn durchnässte Tiere werden so schwer, dass sie in tiefen Gewässern untergehen und ertrinken können. An warmen Tagen sind Gänse für ein kühles Bad besonders dankbar.

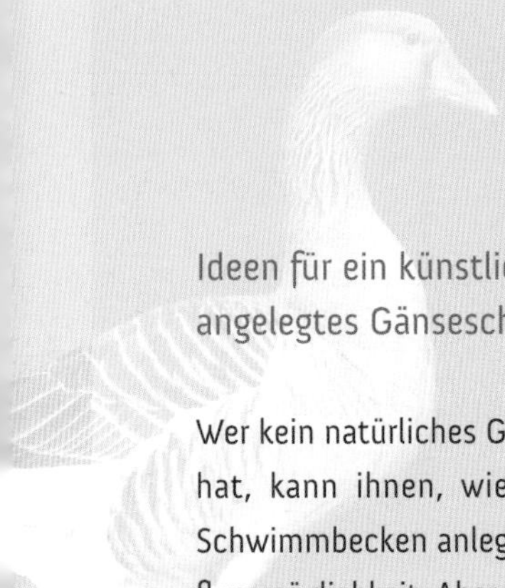

Ideen für ein künstlich angelegtes Gänseschwimmbad

Wer kein natürliches Gewässer für seine Tiere hat, kann ihnen, wie wir, ein betoniertes Schwimmbecken anlegen, am besten mit Abflussmöglichkeit. Aber auch mithilfe einer Abwasserpumpe kann man das Bassin prima leer laufen lassen. Ein Becken mit den Maßen 2 mal 2 Meter und 30 bis 40 Zentimetern Tiefe ist für ein Zuchtpaar samt Nachwuchs ausreichend. An einer Stelle muss es flacher auslaufen, damit auch Gössel wieder an Land gelangen können. Der Uferrand darf nicht zu hoch sein und muss unbedingt befestigt werden, sonst verwandelt er sich schnell in einen Morast. Wir haben unser Bassin mit selbst gebauten Holzlattenrosten umlegt. Darauf stehen die Tiere nach dem Bad sauber und können sich in aller Ruhe putzen. Es ist wichtig, das Badewasser täglich zu erneuern, da die Gänse es sehr schnell verschmutzen. Noch ein Tipp: Teichfolie eignet sich nicht für den Bau eines Gänseschwimmbads. Denn eine kleine Falte reicht, und die knabberfreudigen Gänse lassen ihr Wasser schon sehr bald selbst ab.

Gut als Schwimmbad geeignet ist auch eine größere, ausrangierte Duschwanne mit etwas höherem Rand. Hierfür wird das Erdreich in passender Größe (genügend Auflagefläche für die Wanne muss rundherum stehen bleiben) circa 1 Meter tief ausgehoben und zur Hälfte wieder mit grobem Kies befüllt. Die Duschwanne kommt in einen entsprechend stabilen Rahmen und wird auf dem Dränageschacht sicher platziert. Nun kann bei einem Wasserwechsel das abgelassene Wasser direkt durch den Kies im tieferen Erdreich versickern. Auch hier ist es wichtig, den Bereich um die Wanne zu befestigen. Für kleinere Gössel muss ein passender Stein als Ausstiegsmöglichkeit hineingelegt werden, da sie sonst nicht mehr aus der glatten Wanne herauskommen. Der Gummistöpsel sollte wegen der neugierigen Gänse sicher im Ablauf stecken und darf kein Kettchen haben. Sonst ist die Duschwanne gleich wieder leer und Sie suchen den Stöpsel im ganzen Gänseauslauf.

Künstlich angelegte Bassins lassen sich schön gestalten. (Foto: Dr. Richard Maurer)

Eine weitere Variante ist die Wildwanne oder eine Kunststoffsandmuschel für Kinder, die man etwas in das Erdreich versenkt. Da diese Wannen aber einen höheren glatten Rand haben, sollte man, besonders für kleinere Rassen, eine geeignete Ausstiegsmöglichkeit schaffen. Als Schwimmbad für kleine Gössel sind sie nicht geeignet.

Für unsere ganz kleinen Gänsekids verwenden wir zunächst große Blumentopfuntersetzer aus Kunststoff. Darin können sie an warmen Tagen in ihrem Freilaufgehege planschen. Für etwas ältere Gössel eignen sich auch große Kotwannen aus Kunststoff, wie sie für Hasenställe verwendet werden. Sie sind praktisch, da man sie immer mit dem Gösselfreilaufgehege versetzen kann.

Kunststoffwannen müssen regelmäßig mit Seife und warmem Wasser gereinigt werden, da sich hier Algen und sonstige Bioschleime ansetzen. Das verschmutzte Badewasser sollte keinesfalls auf den Gänseauslauf geleert werden, sonst bilden sich sehr schnell dauernasse Stellen, in denen sich allerhand Keime und Darmparasiten ansiedeln. Es sollte über eine Dränageleitung abgeführt oder über einen tieferen, mit Gitter abgedeckten Dränageschacht im Erdreich versickern.

So kann ein gänsegerechter Holzstall mit Pultdach aussehen.

Lüftung gut, alles gut. So funktioniert die Lüftung bei einem Pultdach. (Zeichnungen: Susanne Retsch-Amschler)

Der Stall

Unsere Hausgänse sind sehr widerstandsfähig und möchten ihr Gänseleben am liebsten zu jeder Jahreszeit im Freien verbringen. Der Stall dient einzig dem Zweck, die Tiere während der Nacht vor Feinden zu schützen. Familie Gans ist bescheiden und stellt keine besonderen Ansprüche an ihr Eigenheim. Sie ist zufrieden, wenn es darin schön hell, trocken und zugluftfrei ist. Der Gänsestall muss eine gute Luftführung haben und gegen aufsteigende Bodenkälte und Feuchtigkeit isoliert sein.

Wichtig ist, dass der Stall auf einem festen Fundament errichtet wird. Das ist hygienisch und verhindert, dass sich Raubzeug von unten hineingraben kann. Am besten eignet sich ein Zementboden, in den Ziegelsteine zur Wärmedämmung eingegossen werden. Der Fußboden muss etwas höher sein als die äußere Umgebung, damit der Stall gegen das Eindringen von Regenwasser und Schnee geschützt ist. Ein massives, gemauertes Gebäude ist, was die Hygiene betrifft, optimal. Aber auch ein Holzstall erfüllt durchaus seinen Zweck. Die Wandverkleidung muss jedoch zumindest in Tierhöhe so beschaffen sein, dass sie sich gut reinigen und desinfizieren lässt. Der Stall sollte so hoch sein, dass man ihn stehend entmisten kann. Gänse brauchen Sauerstoff. Eine ausreichend große und mit Drahtgitter gesicherte Fensterfläche, die der Frischluftzufuhr dient, ist notwendig. Sie wird an der Südfront angebracht. Noch besser als ein geöffnetes Fenster ist aber ein Luftabzug über den First und den Ortgang (siehe Abbildung).

Gänse gehen nur unter äußerster Anspannung durch kleine Klappen in ihren Stall. Der Eingang muss daher so bemessen sein, dass sie aufrecht hindurchgehen können. Eine zweigeteilte Eingangstür bietet sich hier an. Durch den unteren Teil gelangen die Gänse in den Stall, der obere kann beim Misten zusätzlich geöffnet werden. Die Größe des Stalls richtet sich nach der Rasse. Die Tiere müssen so viel Raum haben, dass sie sich gut bewegen können. Wir rechnen für unsere Pommerngänse einen Quadratmeter pro Tier. Eventueller Gänsenachwuchs sollte in die Planung einbezogen werden.

Stallgemeinschaft mit anderen Federtieren?

Hierzu würden Gänsepaare klar Nein sagen. Sie sind bezüglich ihres „Schlafzimmers" sehr eigen und beanspruchen dieses für sich allein. Das ist auch aus menschlicher Sicht verständlich, schließlich wollen auch wir unser Ehebett nicht mit Hinz und Kunz teilen.

Schadnager

Mäuse und Ratten übertragen Krankheiten. Letztere laben sich mit Vorliebe an Bruteiern und Gösseln. Zudem lösen sie nachts im Gänsestall ein lautes Panikspektakel aus, Verletzungen inklusive. Eine gezielte Schadnagerbekämpfung ist daher anzuraten.

Die Einstreu

Gänse wünschen sich eine trockene, keinesfalls schimmelige Einstreu. Sie möchten auf einer sauberen Matratze schlafen. Die Einstreu im Gänsestall muss so beschaffen sein, dass sie den Tieren ein angenehmes Nachtlager bietet und die Feuchtigkeit ihrer Ausscheidungen gut aufsaugt. Hierfür eignen sich am besten Stroh, Strohhäcksel oder trockene Hobelspäne von unbehandelten Nadelhölzern, wie sie in Baumärkten oder im Landhandel für Tiere angeboten werden. Es ist besser, etwas sparsamer einzustreuen und die verschmutzte Einstreu täglich zu erneuern. In der kalten Jahreszeit schützt eine reichliche Stroheinstreu oder eine täglich frisch überstreute Einstreumatratze die Gänse vor Bodenfrost.

Liebe geht durch den Gänsemagen

In der Gänsehaltung ist eine gute Fütterung nicht alles, aber ohne eine gute Fütterung ist alles nichts. Die Fütterung von Gänsen sollte immer art-, bedarfs- und umweltgerecht sein, aber auch preisgünstig. Durch steigende Getreidepreise müssen wir Letztgenanntem wieder mehr Beachtung schenken. Wir unterscheiden zwischen Erhaltungs- und Leistungsfütterung. Dementsprechend gliedert sich die Fütterung in mehrere Phasen, die nachfolgend beschrieben werden.

Grünfutter gehört zu einer artgerechten Ernährung für Gänse. (Foto: Dr. Richard Maurer)

Auch die Kleinsten sollten, wenn möglich, schon Weidegang genießen dürfen.
(Foto: Marion Bohn-Förder)

Gösselfütterung bis zur sechsten Woche

Sobald die frisch geschlüpften Gössel Futter aufnehmen wollen, erhalten sie es auf einem flachen Teller. Wir verwenden, um auf der sicheren Seite zu sein, ausschließlich ein zugekauftes Starterfutter für Enten- und Gänseküken. Man darf keinesfalls Hühnerfutter mit zugesetzten Kokzidiose-Medikamenten füttern, denn das ist für Gänse toxisch. Die ersten beiden Tage feuchten wir die Futterpellets mit etwas Kamillentee an und geben ein paar Krümel hart gekochtes Eigelb darüber. Danach gibt es kein Ei mehr, sondern wir mischen nun klein geschnittene Brennnesselspitzen unter die Futterpellets. Man sollte lieber öfter kleine Portionen füttern, damit das Futter immer frisch ist. Gefüttert wird ad libitum, das heißt so viel, wie die Gänse fressen möchten.

In der Tränke reichen wir während der ersten Woche nur kalten Kamillentee, danach Trinkwasser. Auch für die Gössel ist ein früher Weidegang von Nutzen. Junges frisches Gras im Frühjahr hat meiner Meinung nach bei den Gösseln den gleichen Effekt wie die Kolostralmilch bei den neugeborenen Säugetieren. Bei sehr kalter und nasser Witterung, wenn die Gänsekids im Stall bleiben müssen, befüllen wir Tonschalen mit klein geschnittenem Weidegras (wenn vorhanden), das mit einer Prise reinem Vogelsand bestreut wird. Diese frische Leckerei wird zusätzlich zum Futter gereicht.

Junggänsefütterung von der siebten bis zur zwölften Woche

In dieser Phase wachsen die Tiere am schnellsten, was wir mit einem entsprechenden Futter unterstützen müssen. Die ersten Tage verschneiden wir noch den Gösselstarter mit unserer Eigenmischung (Mischung 1, siehe Kasten), da abrupte Futterumstellungen unbedingt zu vermeiden sind. Es könnte sonst sein, dass es zur Futterverweigerung kommt. Gänse sind da sehr empfindlich. Der Handel und die Genossenschaft bieten ein Fertigfutter für die Junggänseaufzucht ab der siebten Lebenswoche an, das wir in unserer Mischung verwenden. Wer nur wenige Gössel hat, kann es auch als alleiniges Futter geben. Die Mischung ist aber preisgünstiger und lohnt sich daher für größere Bestände. Je nach Qualität der Weide wird bis 300 Gramm pro Tier und Tag gegeben. Morgens ein Drittel und abends zwei Drittel.

Junggänsefütterung ab der 13. Woche

Die Wachstumskurve flacht jetzt ab. Da Gänse einen unbändigen Appetit haben, sollte man jetzt darauf achten, dass sie nicht verfetten, was sich bei der späteren Verwendung als Zuchttiere nachteilig auswirken kann. Wir verzichten nun in unserer Mischung (Mischung 2, siehe Kasten) auf das Sojaschrot, reduzieren das Fertigfutter und die Bierhefe, behalten aber das Mineralfutter bei, um die Tiere gut durch die Mauser zu bringen.

Unsere Eigenmischungen für die Junggänseaufzucht

Futtermittel	Prozent: Mischung 1	Mischung 2
Aufzucht-Fertigfutter	40	20
Hafer	33	40
Gerste-Weizen-Gemisch	14	34
Sojaschrot (44 Prozent Rohprotein)	5	–
Bierhefe (BT-Hefe)	5	3
Mineralfutter mit Aminosäuren	2	2
Sojaöl	1	1

Neben der ganztägigen Weide füttern wir noch trockene Brötchen, Altbrot und Fallobst, das sie besonders mögen. Von der späteren Verwendung hängt es ab, wie hoch die Kraftfuttergabe ist. Rassegeflügelzüchter, die früh ausstellen wollen, werden hier mehr geben müssen als Hobbyhalter. Aber insgesamt gilt: „Das Auge des Herrn mästet das Vieh." Also beobachten Sie Ihre Tiere.

Fütterung von Zuchtgänsen während der Legeruhe

Hier kann man ganz einfach empfehlen: Eine Handvoll (circa 80 Gramm) pro Tier und Mahlzeit reicht für große Rassen. Kleinere bekommen etwas weniger. Bezüglich der Futtermenge gilt es, seine Tiere zu beobachten. Manche sind gute, andere schlechte Futterverwerter. Die Tiere müssen gut in Form sein, dürfen aber keinesfalls verfetten. Wir füttern unseren Pommerngänsen ein Hafer-Gerste-Gemisch mit bis zu 3 Prozent Mineralfutter und etwas Sojaöl (ein Esslöffel für zwei Gänse pro Tag = 5 Milliliter). Das deckt ihren Erhaltungsbedarf, wenn Weide vorhanden ist. Man kann das Getreide auch ab und zu mit Altbrot, Obst und Gemüse verschneiden. Unsere Zuchttiere bekommen zwei Mahlzeiten am Tag: eine morgens vor dem Weidegang, die zweite abends am Stall.

In der vegetationsarmen Zeit geben wir die gleiche Menge Kraftfutter. Denken Sie an die Wildvögel – die finden in dieser Jahreszeit auch wenig zu fressen und verlieren an Gewicht. Im kommenden Frühjahr legen sie wieder befruchtete Eier. Ihre Gänse sollen natürlich nicht hungern. Erlaubt ist zwischendurch alles, was beschäftigt und nicht dick macht, wie ganze Karotten, Äpfel, Heu und auch Gemüse. Bitte immer nur so viel füttern, wie die Gänse auf einmal fressen.

Gesunder Snack – Gänse lieben Äpfel. (Foto: Michael von Lüttwitz)

Karotten sind wichtige Vitaminlieferanten in der kalten Jahreszeit. (Foto: Beate Meisenzahl)

In der Legezeit

Da Gänse, abgesehen von einigen Rassen, keine hohe Legeleistung haben – unsere Pommerngänse legen beispielsweise im Durchschnitt circa 17 Eier pro Jahr –, ist bei der Fütterung Vorsicht geboten (siehe Kapitel „Hilfe, meine Gans ist krank!", Abschnitt „Eiweißvergiftung"). Ein spezielles zugekauftes Legefutter sollte mit einem Hafer-Gerste-Gemisch 1 : 1 verschnitten werden. Wir setzen auch hier ein Mineralfutter ein, das maximal 2 Prozent der Gesamtmenge ausmacht. Bei ausreichender, gut bewachsener Weide ist das Hafer-Gerste-Gemisch allein ausreichend. Der Anteil des Mineralfutters sollte dann auf 3 Prozent erhöht werden. Fein gebrochene Austernschalen müssen immer in Tonschalen angeboten werden. Sie sichern zusätzlich eine optimale Versorgung mit Kalzium und gewährleisten eine gute Eischalenqualität.

Mit der Gabe des Legefutters sollte circa sechs Wochen vor dem natürlichen Legebeginn angefangen werden, so lässt sich dieser ein wenig beeinflussen. Will man erst im Mai Gössel haben, wird das Leistungsfutter etwas später eingesetzt. Auch in dieser Phase werden Karotten benötigt, bis im Frühjahr ausreichend kalzium- und vitaminreiches Gras vorhanden ist. Je nach vorhandener Grünfuttermenge und Legeintensität geben wir unseren Pommern bis zu 300 Gramm Kraftfutter pro Gans und Tag. Die Ganter werden, um ein Verfetten zu verhindern, während der Fütterung von den Gänsen getrennt und erhalten das gleiche Futter, aber weniger. Soll ein Ganter jedoch gleich drei Mädels am Tag beglücken, braucht er natürlich etwas mehr Futter, um seine gute Zuchtkondition nicht zu verlieren.

Grundsätzliches zur Fütterung

- Energiefutter sind alle Getreidearten, Brot und Kartoffeln.
- Eiweißreiches Futter sind Sojaschrot, Bierhefe, Erbsen und Bohnen.
- Grünfutter, Möhren und Futterrüben sind nicht energiereich.
- Mineralfutter ergänzen den Bedarf an Mengen- und Spurenelementen sowie Vitaminen und, wenn vorhanden, an essenziellen (lebensnotwendigen) Aminosäuren. Für die Geflügelhaltung ist Methionin die wichtigste Aminosäure.
- Bei Zukauffutter lohnt es sich, den Sackanhänger zu überprüfen, denn dieser gibt Hinweise auf Typ, Zusammensetzung, Inhalts- und Zusatzstoffe des Futters. Die einzelnen Komponenten sind in der Reihenfolge ihres Einmischanteils aufgeführt. Legen Sie Wert auf einen hohen Getreideanteil!
- Getreide kann gequetscht, eingeweicht und für Gössel und Legegänse in angekeimter Form gefüttert werden. Gänse nehmen gern angefeuchtetes Futter auf.
- Gänse fressen alles, was es im Garten gibt, so zum Beispiel Gemüse, gedämpfte Kartoffeln und Obst.
- Immer darauf achten, dass die Krippen leer gefressen sind! Das ist ein Indiz für gesunde Tiere.
- Jedes Tier braucht seinen Fressplatz! Das ist für die Entwicklung der Jungtiere unbedingt wichtig.
- Es ist gut, wenn Sie von dem Züchter, bei dem Sie die Gänse erwerben, ein sogenanntes „Begrüßungsfutter" erhalten. Das erleichtert den Stallwechsel.
- Wasser sollte immer frisch und von guter Qualität sein. Aufgesammeltes Regenwasser ist nicht zu empfehlen – Salmonellengefahr!

Grit

Gänse haben keine Zähne. Auch wenn die Hornlamellen am Schnabel danach aussehen, dienen diese lediglich zum Abschneiden von Gras und zum Abbeißen. Die eigentliche Nahrungszerkleinerung und Vorverdauung findet im Muskelmagen statt, der auch als „Kaumagen" bezeichnet wird. Im Mageninneren befinden sich stark verhornte Reibeplatten. Durch ein ständiges Zusammenziehen und Entspannen wird die aufgenommene Nahrung zu einer Art Paste vermengt, die von den Verdauungssäften aufgelöst werden kann. Dazu muss der Nahrungsbrei so fein wie möglich sein. Deshalb nimmt die Gans vor ihrem Weidegang instinktiv kleine Steinchen oder Sand auf, die sich mit dem Futter vermischen und so die Vorverdauungsfunktion unterstützen. Diese „Magensteinchen", Grit genannt, müssen den Gänsen immer zur

Auch wenn sie ein bisschen wie Zähne aussehen, dienen die Hornlamellen am Schnabel lediglich zum Abschneiden von Gras und zum Abbeißen. Gründlich zerkleinert wird die Nahrung erst im Magen. (Foto: Dr. Richard Maurer)

Verfügung stehen. Wir verwenden 60 Prozent groben Vogelsand und 40 Prozent fein gebrochene Austernschalen. Diese Mischung ist ein zusätzlicher Lieferant von Mineralien und besonders von Jod. Bitte verwenden Sie keinen feinen Bau- oder Spielsand. Er verbackt leicht, setzt sich in den Darmschlingen fest und kann zu einer lebensbedrohlichen Sandkolik führen.

Futterplatz

Wenn es die Witterung zulässt, werden Gänse fast immer im Freien gefüttert und getränkt. Ein Wasserangebot im Stall führt zu einem feuchten Stallboden, und herabgefallene Futterreste ziehen Mäuse an. Das Füttern im Freien ist zwar auch nicht ganz ohne Risiken, weil es Wildvögel anzieht, die durch ihren Kot Krankheiten übertragen können; die bemessene Futterration wird von den Gänsen aber in der Regel schnell aufgenommen, wodurch dieses Risiko gering ist. Wir bleiben während der Futteraufnahme bei unseren Junggänsen und spielen Vogelscheuche. Die Zuchtstämme haben jeweils eine geschlossene, überdachte Futtervoliere an ihrem Gänsestall.

Gössel bilden eine Ausnahme. Sie bekommen ihr Futter und Wasser grundsätzlich im Stall.

Futtertröge

Futtergefäße müssen in ihren Abmessungen der jeweiligen Größe der Jung- oder Altgänse angepasst sein. Gänse lieben es, das Futter gemeinsam aufzunehmen. Bei Tieren ab der 10. Woche bieten wir 20 Zentimeter Fressplatz pro Gans. Mein Mann hat Holzrahmen gebaut, die stabil auf vier Füßen stehen. In den Rahmen liegt je eine herausnehmbare Kunststoffregenrinne, die als Futtertrog dient. (Reine Holztröge ohne herausnehmbaren Plastikeinsatz sind unhygienisch und eignen sich keinesfalls.) Diese Regenrinnenvariante hat den Vorteil, dass sie leicht zu reinigen ist und man sie individuell auf seine Tiere maßschneidern kann. Die Krippe sollte so hoch sein, dass die Gänse nicht hineintreten können. Unsere sind auf Brusthöhe der Tiere. So können sie bequem und sauber fressen. Futtertröge oder Krippen müssen nach jeder Mahlzeit gereinigt werden. Anschließend drehe ich die Einsätze mit der Öffnung nach unten. So trocknen sie besser ab und bleiben bis zur nächsten Fütterung sauber.

Futtermittelhygiene

Mäuse und Wildvögel haben am Futtersack nichts zu suchen. Futtermittel werden am besten, auch zum Schutz vor Getreidekäfern oder Lebensmittelmotten, in verschlossenen Behältern aufbewahrt. Fertigfutter darf nicht zu warm gelagert werden, damit die enthaltenen Fette nicht ranzig werden.

Gänse brauchen Gesellschaft

Gänse sind gesellige Tiere und brauchen zum Glücklichsein unbedingt einen Partner. Die Haltung eines Einzeltiers kommt daher keinesfalls infrage. Wildgänse, von denen unsere Hausgänse ja abstammen, leben in einer Einehe und sind sich ein Leben lang treu. Dieser Trieb steckt noch sehr stark in vielen Gänserassen. Dennoch ist es durchaus möglich, Gänse in Gruppen zu halten.

Glücklich sind Gänse nur in Gesellschaft von Artgenossen. (Foto: Beate Meisenzahl)

Am glücklichsten zu zweit – oder zu dritt

Immer wieder erleben Züchter, dass ein Ganter, der mit mehreren Gänsen gehalten wird, sich eine Lieblingsgans aussucht und für die anderen weniger Interesse zeigt, sie im schlimmsten Fall sogar links liegen lässt. Dennoch rate ich Gänseliebhabern zu einer 1,2 Anpaarung, das heißt ein Ganter und zwei Gänse. (Zwei Ganter mit einer Gans geht keinesfalls.) Passieren kann immer etwas. Sind es nur zwei, und ein Partner verstirbt, trauert das verwitwete Tier sehr stark. Nicht selten rennt es tagelang durch seinen Auslauf und ruft herzzerreißend nach seinem toten Partner. In einer Ehe zu dritt verbleiben immer noch zwei, die sich über den Verlust hinwegtrösten können.

Gänse benötigen, im Gegensatz zu Hühnern, eine etwas längere Gewöhnungszeit. Aus dem Grund werden Zuchtstämme im Herbst zusammengeführt. So haben die „Auserwählten" genügend Zeit, um zueinanderzufinden. Auch ein erfolgreicher Tretakt will vonseiten mancher Jungganter erst geübt sein. Am einfachsten gelingt die „Ehe zu dritt", wenn man drei junge Gänse gleichzeitig erwirbt und sofort zusammensetzt. Planlose Inzucht, also Anpaarungen zwischen Geschwistern oder einem Elternteil und seinem Kind, ist jedoch zu vermeiden.

Schwieriger wird es, wenn in einen bestehenden Zuchtstamm eine fremde weibliche

Alles gemeinsam – eine glückliche Ehe zu dritt. (Foto: Marion Bohn-Förder)

Gans eingegliedert werden soll. Je jünger sie ist und je früher sie dazugesetzt wird, desto besser. Anfangs leidet die Junge Not, weil die Alten sie wegbeißen und fortjagen, sie finden sich aber irgendwann zusammen. Das kann allerdings seine Zeit dauern. Wird die „Neue" im Stall zu sehr eingeschüchtert, sollte man ihr zunächst ein kleines schützendes Separee abteilen. Wichtig ist aber, dass die Tiere sich weiterhin sehen, damit auch hier irgendwann der Alltag einkehrt. Wer allen Schwierigkeiten aus dem Weg gehen will, der kann den Weg über das Brutei oder die Gössel wählen, die die Gänse mit dem eigenen, möglichst gleichaltrigen Nachwuchs selbst großziehen. Auch kinderlose Altgänsepaare adoptieren fremde Gänsekinder in der Regel und gehen in ihrer Elternrolle auf. Da man das Geschlecht bei Gösseln aber schwer und nur mit viel Übung bestimmen kann, ist es hier ratsam, vorsichtshalber mehrere Gössel zu kaufen.

Wegen ihrer Treue lässt man bewährte Zuchtpaare zusammen und setzt möglichst keine neuen Tiere dazu.

Die Gänsegroßfamilie

Vorab sei erwähnt, dass diese Haltungsform keinesfalls der natürlichen Lebensweise der Gänse entspricht und nur aufgrund der Domestikation durch den Menschen praktiziert werden kann. Längst nicht alle Rassen eignen sich für diese Haltungsform. Solche mit hohem Wildblutanteil oder auch Steinbacher Kampfgänse sind keinesfalls WG-tauglich.

Zuchtgruppen benötigen viel Fläche und einen entsprechend großen Stall, worin jeder Gans ein Separee zur Verfügung stehen muss, in dem sie ihr Nest bauen kann. Das Zusammenstellen einer Zuchtgruppe erfordert sehr viel Geduld, Beobachtungsgabe und Fingerspitzengefühl sowie charakterlich einwandfreie und vor allem verträgliche Gänse.

Besonders die Ganter müssen gut sozialisiert und offen für diese Haltungsform sein. Nur wenn sie sich vertragen, kann eine gefiederte WG funktionieren. Ich praktiziere mit drei Zuchtstämmen eine solche Großfamilie. In einer Zuchtgruppe leben zwei Ganter und vier Gänse Tag und Nacht zusammen. Der jüngere Ganter wurde von dem Altganter großgezogen. In zwei weiteren Wohngemeinschaften leben je zwei Paare zusammen, worin immer ein Ganter aus eigener Zucht und einer zugekauft ist. Solche „Männerfreundschaften" funktionieren nur, wenn beide Tiere nicht zu dominant und unnachgiebig sind. Mein letzter zugekaufter Ganter „Michael" entpuppte sich bei der Ankunft auf unserem Hof als streitsüchtiger Raufbold. Kaum aus der Transportkiste, stürzte er sich schon auf einen Jungganter. Es war viel Geduld,

Mehrfach behütet – Gössel in der Zuchtgruppe. (Foto: Marion Bohn-Förder)

Einfallsreichtum und vor allem häufige Präsenz meinerseits notwendig, um diesen langhalsigen Aggressor einigermaßen zu entschärfen. Heute läuft er mit seiner Gans „Regina" und einem weiteren Gänsepaar friedlich zusammen. Das erste halbe Jahr flogen des Öfteren die Federn, mittlerweile sind die Fronten zwischen den beiden Gantern geklärt. Im gemeinsamen Stall hat jedes Paar jedoch sicherheitshalber seinen eigenen Bereich.

Abschließend sei erwähnt, dass Zuchtgruppen sehr interessant sind, weil sie auch ihre Gössel in einem Familienverband gemeinsam aufziehen. Für das Handling einer Zuchtgruppe bedarf es aber etwas Erfahrung. Wer erst mit Gänsehaltung beginnt, sollte daher besser die 1,1 oder 1,2 Anpaarung wählen.

Nachwuchs im Gänsestall

Wenn Ende Januar die Tageslänge zunimmt, steigt der Testosteronspiegel der Gänseherren. Dieses Sexualhormon verwandelt dann so manchen braven Ganter in einen extrem eifersüchtigen und angriffslustigen Vogel, der seinem Halter nun häufiger drohend die

„Draußen bleiben, das ist meine Familie!“, scheint dieser Ganter sagen zu wollen. (Foto: Marion Bohn-Förder)

Zunge zeigt, anstatt ihn wie gewöhnlich freudig zu begrüßen. Beim Betreten seines Brutreviers ist es nun ratsam, den liebestollen Don Juan unbedingt im Auge zu behalten. Denn alle im Zusammenhang mit der Fortpflanzung stehenden Handlungen laufen instinktiv und zwanghaft ab, mit dem einzigen Ziel, die Art zu erhalten. Die Liebe eines Gänsepaares erreicht während der Fortpflanzungszeit ihren Höhepunkt. Die steil angewinkelte Halshaltung des Ganters, wenn er der Gans gegenübertritt, signalisiert seine starke Bindung und Paarungsbereitschaft. Er bewacht sie nun mehr denn je und verbietet ihr jeglichen Kontakt zu fremden Artgenossen. Wehe, seine Liebste nähert sich einem anderen Ganter – dann ist Schluss mit lustig. Der Gänserich oder „Gansert", wie er im Volksmund auch genannt wird, sieht jetzt selbst in seinem Halter einen Kontrahenten und hält ihn auf Distanz, denn es ist seine Gans, sein Brutrevier, sein Stall, und es sind seine zukünftigen Nachkommen, die dort im Nest liegen, und das bringt er auch unmissverständlich zum Ausdruck.

Ein Gänsehalter muss in dieser spannungsgeladenen Zeit viel Verständnis für seinen Ganter aufbringen. Ihm mit Aggressivität oder Gewalt zu begegnen ist niemals eine Lösung, auch wenn der Ganter einem schon ein „Schnabel-Tattoo" in das eine oder andere Körperteil verpasst hat. Vorausdenken, überlisten und einfach schneller sein als er, das ist der richtige Weg für ein Miteinander während dieser Zeit. Schließlich sind wir Menschen die Klügeren, und der Gänserich ist wieder ganz der Alte, wenn diese Fortpflanzungszeit vorüber ist.

Das Nest

Als Zeichen ihrer Liebe und Verbundenheit beginnen beide Gänse, sich einige Deckfedern im Brustbereich auszurupfen. Dieser sogenannte gegenseitige Brustfleck ist ein sicheres Zeichen dafür, dass die Familienplanung bereits in vollem Gang ist und Frau

Der Brustfleck zeigt, dass die Familienplanung in Gang ist. (Foto: Marion Bohn-Förder)

Brutboxen im Gänsestall. (Zeichnung: Susanne Retsch-Amschler)

Gans bald ihr erstes Ei legen wird. Durch das Bereitstellen eines Legenests lassen sich Gänse an den für Eiablage und Brut vorgesehenen Platz lenken. Die Gans wünscht sich für ihr „Kinderbett" eine ruhige, geschützte Ecke im Stall, wo sie sich sicher und geborgen fühlt. Die Größe eines Brutnestes richtet sich nach der Größe des Bruttiers. Das Nest muss mindestens drei Wochen vor Legebeginn angeboten werden. Sonst verlegen gerade junge Gänse ihre Eier oft im Stall oder auf dem Auslauf. Als Nestumrandung eignet sich ein quadratischer Holzlattenrahmen (unsere sind 80 mal 80 Zentimeter groß, Lattenhöhe: 10 bis 12 Zentimeter). Der Rahmen soll so gebaut sein, dass er an der Vorderseite geöffnet werden kann, damit die Gössel problemlos ihr Nest verlassen und vor allen Dingen auch wieder hineinkönnen. In den Rahmen werden zuerst trockene Rasensoden, mit den Wurzeln nach oben, als schützende

Unterlage eingelegt. Diese verhindern, dass die Gans durch ihr Gewicht mit der Zeit das Stroh auseinanderdrückt, die Eier dadurch auf dem harten Boden liegen und womöglich zerdrückt werden. Das eigentliche Nestpolster besteht dann aus reichlich weichem Stroh, worauf eine Lage Heu kommt. Das Nest muss so geformt sein, dass die Eier gut nebeneinanderliegen können, und darf keinesfalls zu klein und trichterförmig sein, sonst rollen die Eier zusammen und werden zerdrückt. Den endgültigen Ausbau nimmt die Gans selbst vor, indem sie das Nest nach ihrem Geschmack herrichtet.

Wenn mehrere Gänse brüten, müssen die Nester seitlich voneinander abgetrennt werden, damit sich die Gänsedamen auf ihren Nestern nicht sehen können, sonst ist lautstarker Zickenterror programmiert. Diese „Brutboxen" werden an einer Stallwand installiert (Maße pro Box: 80 mal 80 Zentimeter). Die Trennwände sollten 1 Meter hoch sein. Obenauf kommt eine leichte Holzplatte als Dach. Die einzelnen Abteile werden vorn mit einem Brett abgetrennt, damit die Gans das Stroh nicht hinauswirft. Nach dem Schlupf wird dieses wieder entfernt, damit die Gössel bequem aus dem Nest hinaus- und wieder hineingelangen können. Bruteier sollen stets sauber und vor allem trocken bleiben; darum muss die Nesteinstreu immer wieder kontrolliert und wenn nötig ausgetauscht werden. Feuchtes, schmutziges Nistmaterial schimmelt leicht, und das ist für Bruteier tödlich. Zudem machen Pilzsporen auch Gänse sehr krank. Die Stalleinstreu sollte täglich gewechselt und der Auslauf sauber gehalten werden, sonst tragen die Gänse mit ihren Paddeln zu viel Schmutz in das Nest.

Die Befruchtung

Die Befruchtungsrate junger Gänse ist der älterer gleichzusetzen. Beide Tiere eines Zuchtstammes sollten jedoch mindestens ein Jahr alt sein, damit die Gans ausgereift ist und der Ganter seine volle Potenz besitzt. Nach oben sind keine Grenzen gesetzt. Gänse sind sehr langlebig und können praktisch bis zu ihrem Lebensende Bruteier liefern. Mir wurde von 20-jährigen Gänsen berichtet, die immer noch einwandfreie Bruteier gelegt haben sollen. Auch mancher Ganter erweist sich bis ins hohe Alter als guter Befruchter.

Für eine erfolgreiche Besamung ist in erster Linie die Zuchtkondition der Tiere von Bedeutung. Sie müssen gesund, gut beweglich, keinesfalls zu schwer und vor allem nicht verfettet sein. Denn alle ihre Geschlechtsorgane liegen in der Leibeshöhle. Der Penis des Ganters befindet sich in Ruhestellung bauchwärts an der Innenwand der Kloake und wird nur beim Tretakt vorgestülpt. Starke Fetteinlagerungen im Unterbauchgewebe behindern oftmals das Organ, sodass keine erfolgreiche Kopulation stattfinden kann. Der Ganter ist dann „maststeril". Das Gleiche gilt für Gänse. Die Spermien werden nur selten ihr Ziel erreichen, wenn Fettpolster die Eileiter zusammenschnüren. Zudem sind Dickerchen meist lethargisch. Man sollte also unbedingt auf eine nicht zu üppige Ernährung seiner Zuchttiere achten.

Auch das Tretgeschick eines Ganters spielt eine wichtige Rolle. Gerade junge Ganter sind oft etwas tollpatschig und unkoordiniert, weshalb sie ihr Ziel des Öfteren verfehlen. Hier sollte man nicht gleich die

Nach dem immer gleich ablaufenden Vorspiel …

Hoffnung aufgeben. Schließlich macht Übung den Meister, und mancher braucht eben etwas länger, bis der Knoten platzt. Der Jüngling sollte also im kommenden Jahr unbedingt noch eine Chance bekommen. Viele Züchter setzen Ganter nicht vor ihrem zweiten Lebensjahr zur Zucht ein.

Der Charakter des Ganters spielt bei der Befruchtung eine untergeordnete Rolle, ist aber dennoch nicht außer Acht zu lassen. Ein grober Zeitgenosse, der seiner Gans beim Tretakt immer büschelweise die Federn vom Kopf reißt und ihr dort blutige Blessuren zufügt, hat oftmals schlechte Befruchtungsergebnisse.

Ganter treten ihre Gänse ein- bis dreimal am Tag. Sie tun das vorzugsweise auf dem Wasser, aber auch an einem Wasserbottich, denn zu ihrem festgelegten Paarungsablauf gehört das gegenseitige Halseintauchen. Dieses Ritual findet immer vor einer geschlechtlichen Vereinigung statt.

Das Ejakulat des Ganters wird von der Gans in sogenannten Samentaschen deponiert; hieraus ist es für die heranreifende Eizelle verfügbar. In diesen Hautfalten, die sich im unteren Teil des Eileiters befinden, hält das Sperma circa eine Woche, wobei es je nach Rasse und Einzeltier Unterschiede gibt.

Viele unbefruchtete Eier können ein Indiz für schlechte Spermaqualität oder für eine nicht ausreichende Spermamenge bei zu jungen Gantern sein. Auch eine ungünstige Bakterienflora im Eileiter der Gans kann die Befruchtungsfähigkeit der Spermien mindern.

… folgt rasch der Tretakt. (Fotos: Marion Bohn-Förder)

So halten Bruteier am längsten: natürlich gelagert im Brutnest. (Foto: Beate Meisenzahl)

Die Bruteier

Die Legefolge von Gänsen ist unterschiedlich. Die Mehrheit legt im 1-0-1-0-Legerhythmus, das heißt einen Tag legen, einen Tag Pause. Es gibt aber auch Gänse, die zwei Tage hintereinander Eier legen, dafür sind aber die Pausen zwischen den Legeserien größer.

Da Gänse nur ein bis zwei Gelege im Jahr produzieren und ihre Legeleistung, je nach Rasse, eher gering ist, sind die Bruteier sehr kostbar und müssen sorgsam behandelt werden. Nur saubere Bruteier bringen ein zufriedenstellendes Schlupfergebnis. Auf eine hygienische Nesteinstreu ist daher unbedingt zu achten.

Die Eier dürfen nach dem Legen auch keinesfalls Frost bekommen, denn das führt zum Tod des Embryos. Man nimmt die gelegten Eier deshalb baldmöglichst aus dem Nest und lagert sie bis zu ihrer Bebrütung in einem frostgeschützten Raum. Erschütterungen der empfindlichen Eier sind hierbei zu vermeiden. Das erste Ei wird gekennzeichnet und verbleibt der Gans als Nestei. Die folgenden werden an einer Seite mit dem Legedatum und an der gegenüberliegenden Seite mit dem Anfangsbuchstaben des Namens der Gans versehen. So kann man beim Wenden der Eier immer gleich erkennen, ob sie auch tatsächlich um 180 Grad gedreht wurden. Beschriftet wird mit einem Bleistift, immer seitlich am spitzen Eiende, weil das stumpfe beim Schlupf zerbricht und die Notiz dann verloren geht.

Gänseeier müssen liegend aufbewahrt werden. Die Raumluft darf nicht zu trocken sein, damit die Eier während der Lagerung möglichst wenig an Gewicht verlieren. Ich lagere sie bei 15 bis 17 Grad und einer Luftfeuchte von circa 60 bis 70 Prozent. Dabei werden sie dreimal täglich um 180 Grad um die eigene Längsachse gewendet. Das Wenden darf nicht nur in eine Richtung, sondern muss abwechselnd, einmal 180 Grad nach vorn, das nächste Mal 180 Grad nach hinten, erfolgen (siehe Abschnitt „Wenden").

Bruteier, die künstlich erbrütet werden sollen, dürfen nicht zu alt sein, höchstens zehn Tage. Ich lagere sie aber nie länger als sieben Tage und beginne dann mit der Bebrütung, da bei älteren Eiern die Schlupffähigkeit abnimmt.

Die natürliche Lagerung im Brutnest

Eier, die zur natürlichen Bebrütung im Nest gelagert werden, halten länger. Die ersten, die manchmal älter als zwei Wochen sind, können ebenso gut ausgebrütet werden wie frische. Das Geheimnis liegt hier in dem periodischen Erwärmen durch die Brutgans. Sie wärmt und wendet die Eier immer, wenn sie ein neues legt, und reibt sie dabei mit ihrem natürlichen Federfett ein. Das hilft, die Eier zu reinigen, beeinflusst die Schalendurchlässigkeit positiv und verleiht dem Ei durch das im Federfett enthaltene Lysozym einen zusätzlichen Schutzmantel. Bei unseren domestizierten Gänsen, die teilweise Ende Februar mit ihrer Eiablage beginnen, sollte man aber wegen der klimatisch ungünstigen Verhältnisse von einer natürlichen Lagerung absehen.

Nach dem Desinfizieren trocknen Bruteier auf einem Tortenteiler prima ab. (Foto: Marion Bohn-Förder)

Reinigung

Leider fallen trotz aller Nesthygiene immer wieder einmal schmutzige Bruteier an. Wer diese künstlich erbrüten möchte, sollte sie vorher säubern, damit nicht mit dem Schmutz Bakterien in die Brutmaschine gelangen. Durch die Bruttemperatur und Luftfeuchte können sich Erreger rasant vermehren. Dringen sie durch die Schale ins Eiinnere, stirbt der Embryo ab. Zum Reinigen wird ein weiches Schwämmchen verwendet. Wurzelbürstchen oder raue Küchenschwämme sind keinesfalls geeignet, weil damit die ölige Schutzschicht des Bruteis zerstört würde und Bakterien ungehindert in das Ei eindringen könnten. Zudem verlieren die Eier ohne ihre Schutzschicht während der Bebrütung zu viel Feuchte.

Die Reinigung sollte möglichst bald nach dem Legen erfolgen. Größere Dreckklumpen werden zunächst vorsichtig mit trockenem Sandpapier entfernt. Danach tupfe ich den Schmutz behutsam in reichlich lauwarmem Wasser ab, für jedes Ei verwende ich frisches. (Wichtig: Das Wasser muss immer wärmer sein als das Ei, damit sich der Eiinhalt nicht zusammenzieht und dadurch das Waschwasser und Bakterien durch die Schale angesaugt werden.) Nach der Reinigung werden die Eier mit Küchenpapier trocken getupft und auf ein Gitter gelegt. Ein klassischer Tortenteiler aus Kunststoff eignet sich dafür bestens. Hierauf haben die Eier eine geringe Auflagefläche, sodass die Luft um sie herum gut zirkulieren kann. Sofort im Anschluss werden die Eier desinfiziert. Geeignete Desinfektionslösung: 1 Milliliter Quatovet und 100 Milliliter heißes Wasser in einen Blumennebler geben, gut schütteln und die Eier von allen Seiten mit feinem Sprühnebel gleichmäßig benetzen. Im Anschluss müssen sie auf dem Gitter vollständig abtrocknen. Dabei einmal wenden, damit auch die Unterseite trocken wird. Danach werden sie beschriftet und eingelagert. Gewaschene und desinfizierte Gänseeier sollten keinesfalls länger als eine Woche gelagert werden. (Quatovet ist im Internet bei www.reimers.biz erhältlich.)

Kunst- oder Naturbrut?

Die Vorteile der Naturbrut liegen auf der Hand: Eine Brutgans erspart dem Züchter sehr viel Mühe und Zeit, weshalb sich immer mehr berufstätige Gänsehalter für die Naturbrut entscheiden und eine Rasse mit guten Bruteigenschaften wählen. Solche Gänse sind in der Regel gewissenhafte Brüterinnen und Führerinnen. Hier muss man sich um wenig kümmern, die Aufzucht der Gössel erledigen die Gänseeltern. Zudem werden Naturbrutgössel auch bestens sozialisiert und wachsen geborgen heran.

Doch die Naturbrut hat auch Nachteile. Nicht immer geht alles so glatt, wie man es erwartet. Der Erfolg hängt von der Witterung und von dem einzelnen Tier ab. Es gibt gewissenhafte Brüterinnen und andere, die zwar fleißig Eier legen, aber bei der Bebrütung versagen. Zu nervöse Gänse verlieren beim Schlupf ihrer Gössel manchmal die Nerven und wollen nachhelfen, indem sie die Eischale abknabbern. Das endet für den Nachwuchs nicht selten böse. Bei größeren Gelegen kommt es bei schweren Rassen während des Schlupfes auch schon einmal zu einem Verlust durch Erdrücken.

Der größte Vorteil der Kunstbrut ist sicher die Unabhängigkeit von klimatischen Gegebenheiten. Zudem wird durch mehrere Brutei-Einlagen (alle sieben Tage) verhindert, dass Bruteier zu alt werden. Durch frühe Einlagen bekommt man auch früh Tiere.

Gans beim Wenden ihrer Eier. (Foto: Marion Bohn-Förder)

Die Kunstbrut hat aber ebenfalls Nachteile: Die künstliche Erbrütung von Gänseeiern erfordert sehr viel Gewissenhaftigkeit, Fingerspitzengefühl und etwas Erfahrung. Zudem scheuen viele Hobbyhalter die Kosten für die Anschaffung eines Brutapparates. In einem kleineren Brüter kann immer nur eine Einlage ausgebrütet werden. Für mehrere Brutei-Einlagen benötigt man zwei separate Geräte, einen Vor- und einen Schlupfbrüter, da die Brutbedingungen in der Vorbrut andere sind als die während des Schlupfes. Meiner Erfahrung nach ist eine Brutmaschine aber keine Fehlinvestition, denn wen der Gänsevirus erst gepackt hat, der will es erfahrungsgemäß irgendwann auch mit der Kunstbrut versuchen.

Kombiniertes Brüten

Ich praktiziere alljährlich Kunst- und Naturbrut und sehe in diesem kombinierten Brüten nur Vorteile. Die ersten Gänseeier werden von mir immer in der Brutmaschine ausgebrütet, so bin ich schon einmal auf der sicheren Seite. Die letzten Eier dürfen unsere Altgänse (ab dem zweiten Lebensjahr, erst dann haben sie die Reife dazu) ausbrüten und ihre daraus schlüpfenden Gänsekinder auch großziehen. Das ist für ihre Psyche sehr wichtig. Wenn ich parallel zum Naturschlupf einen Schlupf in Kunstbrut habe, gebe ich der Gans, je nach Anzahl ihrer geschlüpften Gössel, noch drei bis vier Brutmaschinenkids dazu. Durch

Gans Gisela zeigt ihr schlüpfendes Gänsekind. (Foto: Marion Bohn-Förder)

das kombinierte Brüten steigere ich unsere jährliche Nachzucht.

Gibt es bei der natürlichen Brut oder beim Schlupf Probleme, können die Besitzer einer Brutmaschine sofort eingreifen und das Gelege künstlich zu Ende brüten. Bei schwereren Rassen hat es sich bewährt, die Eier zunächst von der Gans ausbrüten zu lassen, sie aber am 28. Bebrütungstag, also zwei Tage vor dem Schlupftermin, sicherheitshalber zum Schlupf in die Brutmaschine zu legen. Die Gans bekommt solange Toneier. Sind die Gössel im Brutapparat geschlüpft, kommen sie wieder zu ihrer Mutter.

Naturbrut

Wenn die Gans ihr Nest ausgebaut hat, beginnt sie einige Tage danach mit der Eiablage. Das erste Ei wird mit Bleistift gekennzeichnet und bleibt als Nestei liegen. Das ist wichtig, sonst wird das Tier verunsichert und wechselt das Nest. Die folgenden Eier werden immer weggenommen und kühl aufbewahrt (wie im Abschnitt „Die Bruteier" beschrieben). Mit zunehmender Eiablage vergrößert die Gans ihren Brustfleck. Diese handgroße Stelle, an der nur noch ein dünner Daunenflaum stehen bleibt, ermöglicht ihr, die Eier durch möglichst engen Hautkontakt noch wirksamer zu wärmen. Mit den ausgezupften Federn polstert sie ihr Nest aus.

Wenn die Gans mit dem Legen aufhört, das Nest sorgfältig und reichlich mit Daunen auspolstert und länger darauf verweilt, beginnt die Brütigkeit. Nun legt man ihr die bereits vorhandenen Eier unter. Zeitlich gestaffelt nach dem Eialter, denn Gössel aus 10 bis 14 Tage alten Eiern schlüpfen später als ihre Geschwister aus ein bis sieben Tage alten Bruteiern. Aus diesem Grund werden ältere Bruteier acht Stunden früher untergelegt. Das Brutgelege einer Gans sollte höchstens aus 13 Eiern bestehen.

Eine brütende Gans braucht unbedingt Ruhe und möchte nicht gestört werden. Futter, Grit und frisches Trinkwasser müssen bequem für sie erreichbar sein. Da sie sich nur wenig bewegt, nimmt eine brütende Gans auch weniger Futter auf – etwa die Hälfte der Futtermenge während der Legeperiode. Aus dem Grund nimmt sie stark ab. Das Futter für Brutgänse darf keinesfalls rationiert werden, sondern muss immer zur freien Verfügung stehen. Es ist ratsam, während der Brutzeit kein Fertigfutter (Pellets) zu füttern, weil hierdurch der Kot zu dünnflüssig würde. Wir decken den Futterbedarf unserer Brutgänse ausschließlich über Grünfutter im Auslauf und ein Hafer-Gerste-Gemisch (siehe Kapitel „Fütterung von Zuchtgänsen während der Legeruhe"). Durch diese energiereiche Kost

Der Eizahn auf seinem Schnabel hilft dem Gössel, die Schale aufzubrechen. (Foto: Marion Bohn-Förder)

Gänsemutter in der Mauser. (Foto: Marion Bohn-Förder)

bleibt der Kot fest, was der Brutnesthygiene sehr entgegenkommt. Auf eine regelmäßige Futteraufnahme der Brüterin ist unbedingt zu achten. Manche verfallen nämlich in eine so ausgeprägte Brutstarre, dass sie alles um sich herum vergessen, auch das Fressen. Wenn eine Gans nicht allein vom Nest geht, muss sie vorsichtig heruntergehoben werden, nachdem man sich vergewissert hat, dass sie keine Eier unter den Flügeln hat. Futter und Wasser werden ihr sofort angeboten. Sie wird hastig ein paar Bissen hinunterschlingen, trinken, Kot absetzen und bald wieder auf ihrem Nest sitzen. An kalten Tagen und wenn die Eier frisch sind, gehen Gänse höchstens 5 Minuten vom Nest. Nach einer Brutwoche soll die Gans zweimal täglich das Nest für einige Zeit (in der Regel sind es 10 bis 15 Minuten) verlassen. Die befruchteten Eier entwickeln nun allmählich Eigenwärme und bedürfen jetzt etwas Kühlung. Die Gans steht auch ab und zu auf, um ihre Eier zu wenden. Der Teil des Eis, der mit ihrem Körper in Berührung kommt, hat dieselbe Temperatur wie ihre Haut; der Teil, der auf dem Nestboden liegt, ist wesentlich kälter. Zu kalte Eier rollt die Gans in die Mitte, die wärmeren nach außen. Durch das Wenden und Verlegen der Eier sichert sie ihrem Gelege eine gleichmäßige Wärmeverteilung und verhindert zudem ein Anheften der Embryonen an der Eischale. Dies alles tut eine Gans instinktiv. In der Mitte der Brutzeit, wenn die Eigenwärme der Eier stetig zunimmt, steigert sie ihre Brutpausen oft auf 30 Minuten, gegen Ende sind es auch schon einmal 45 Minuten. Man sollte hier die Nerven behalten und sich nicht gleich einmischen. Die Gans weiß am besten, wie sie zu brüten hat und wann sie lange genug weg war. Manche Gänse kühlen länger als andere, dadurch verzögert sich der Schlupf. Die Zeit der Abwesenheit nutze ich täglich, um im Nest nach dem Rechten zu sehen und die Eier zu beriechen. Ein gesundes Ei riecht nicht. Eier mit leicht fischigem Geruch sind abgestorben und müssen unverzüglich entfernt werden. Manche Gänse werfen sie selbstständig aus dem Nest. Leider fehlt vielen unserer domestizierten Gänse dieser ursprüngliche Instinkt, und sie bebrüten die Fauleier genauso hingebungsvoll weiter wie die gesunden.

Am zehnten Bebrütungstag schiere ich die Eier im Nest, um mir ein Bild über deren Inhalt zu verschaffen. Unbefruchtete und abgestorbene Eier werden aussortiert. Währenddessen muss die Stalltür geschlossen bleiben, sonst kommt das Gänsepaar eventuell dazwischen und regt sich fürchterlich auf. Wenn eine Gans ihr Nest verlässt, deckt sie die Eier sorgfältig mit Streu und Daunen zu, damit sie nicht zu schnell auskühlen und zudem getarnt sind. Muss schmutziges Nestmaterial erneuert werden, sollte man das unauffällig tun, damit die Gans ihr Nest optisch so vorfindet, wie sie es verlassen hat.

Brutgänse benötigen unbedingt eine saubere Badegelegenheit, um sich etwas zu erfrischen und ihr Gefieder zu reinigen. Das nasse Gefieder führt den Bruteiern die nötige Feuchte zu und verstärkt den Kühleffekt, was besonders an warmen Tagen von Vorteil ist.

Nach etwa 30 bis 32 Tagen schlüpfen die Gössel. Je nach Brutgewohnheiten der Gans kann sich das aber auch um einige Tage verzögern. Hier gilt es, Ruhe zu bewahren! Sind die Eier angepickt, dauert es vom ersten Loch in der Schale bis zum Schlupf einen Tag. Wenn es danach nicht weitergeht, sollte man je nach Sachlage die Eier zunächst mit lauwarmem Wasser besprühen, um den Schlupf zu erleichtern. Nur in Notfällen, wenn zum Beispiel die Eihäute zu zäh sind und der Gössel sich nicht selbst befreien kann, wird geholfen. Das darf aber nicht zu früh geschehen, weil das Küken sonst verbluten kann. Gute Brutgänse helfen in Not geratenen schlüpfenden Gösseln, indem sie das angepickte Loch in der Schale etappenweise behutsam erweitern. Beim Schlupf möchte die Gans möglichst wenig gestört werden. Auch der Ganter ist durch ein brusthohes Gatter von ihr getrennt, damit sie sich ganz auf ihren Nachwuchs konzentrieren kann.

Ich nehme die ersten geschlüpften Gänschen immer aus dem Nest. Sie warten im Kükenwärmeheim, bis ihr letztes Geschwisterchen geschlüpft ist. Gössel aus älteren Bruteiern schlüpfen oft etliche Stunden später. Deshalb sollte man die restlichen Eier nicht vor dem 33. Tag vom Nest entfernen. Es empfiehlt sich, vorher daran zu horchen und sie im Zweifelsfall noch einmal zu schieren. Nach Beendigung des Schlupfes werden die Gössel wieder zur Gans gesetzt. Der Ganter kann tagsüber zu seiner Familie, die Nacht verbringt er aber erst mal in einem abgetrennten Stallabteil. Denn schon mancher wachsame Ganter hat während der Dämmerung eines seiner Kinder unbeabsichtigt totgetreten.

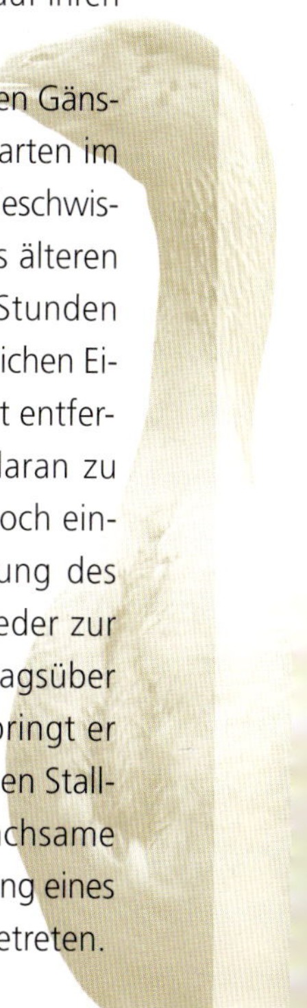

Nach der Brut kommen die Alttiere in die Mauser, das heißt, sie wechseln ihr komplettes Gefieder. Sie sind in dieser Zeit flugunfähig, ihre Jungen sind es auch noch – Mutter Natur hat eben alles perfekt eingerichtet.

Die Kunstbrut im Brutapparat

Wer es mit der Kunstbrut versuchen möchte, muss nicht gleich in die Vollen gehen. Es gibt bewährte, preiswerte Brutmaschinen, die sich für das Erbrüten von Gänseeiern hervorragend eignen. Oft werden in Fachzeitschriften oder im Internet gebrauchte Maschinen günstig angeboten. Hier sollte man aber Alter und Zustand erfragen und sich bei der Abholung die Funktionsfähigkeit vorführen sowie das Handling erklären lassen. Ein einfacher Motorschrankbrüter ohne viel Computertechnik, wie ihn die Firma Schuhmacher als Vomo-0 oder Vomo-0 Extra angeboten hat, reicht völlig aus und eignet sich bestens für Einsteiger. Leider gibt es diese Firma nicht mehr, dafür aber andere Brutmaschinenhersteller, die baugleiche Geräte anbieten. Lediglich die Temperaturregelung erfolgt mittlerweile elektronisch. Die Wärme im Brüter wird von oben über eine Ringrohrheizung erzeugt und mithilfe eines Ventilators gleichmäßig verteilt. Ein Winkelthermometer misst die Temperatur, die nötige Luftfeuchte erreicht man über wassergefüllte Gefäße, die am Boden des Brüters stehen. Zur Messung der Feuchte dient ein Hygrometer. Die Frischluftzufuhr lässt sich über Luftrosetten regeln. Das Wenden der Eier erfolgt halb automatisch, das heißt über ein Vor- und Zurückschieben der dafür vorgesehenen Rollenhorde. Für Eier mit einem großen Radius (schwere Gänserassen) wird der für Gänseeier erforderliche Wenderadius von 180 Grad aber mangels Tiefe des Geräts oft nicht erreicht. Ich nehme deshalb die Horde aus der Maschine und wende die Eier einzeln per Hand.

Mancher Gänsezüchter, der die Gänsezucht so nebenbei betreibt, möchte damit wenig Arbeit haben und entscheidet sich deshalb für einen vollautomatischen, computergesteuerten Motorbrüter. Gerade für berufstätige Gänsehalter klingt das Wort vollautomatisch sehr verlockend, ich gebe aber unbedingt zu bedenken, dass auch hier der Wenderadius für große Eier aufgrund mangelnder Tiefe des Geräts nicht erreicht wird. Züchter großer Gänserassen, mich eingeschlossen, haben deshalb keine guten Erfahrungen mit Vollautomaten gemacht. Züchterkollegen mit kleineren Rassen und Bruteiern brüten damit hingegen erfolgreich.

Weil einfache Brüter ohne Computertechnik leicht zu bedienen sind, würde ich Einsteigern dazu raten.

Der Brutraum

Die günstigste Brutraumtemperatur liegt bei 18 Grad. Direkte Sonneneinstrahlung auf den Apparat sollte vermieden werden. Räume an der Straßenseite sind dann ungeeignet, wenn etwa durch Lastzüge starke Erschütterungen auftreten. Wichtig für den Bruterfolg ist eine gute Frischluftzufuhr im Brutraum, weil die Embryonen bei Luftnot Schaden nehmen würden. Je weiter die

Ein einfacher Motorschrankbrüter leistet bei der Kunstbrut gute Dienste. (Foto: Marion Bohn-Förder)

Brut fortschreitet, umso größer wird ihr Sauerstoffbedarf. Die Luft ist in Ordnung, wenn man frei und tief durchatmen kann. Der Luftaustausch erfolgt über die Luftrosetten im Brüter sowie beim manuellen Wenden und Kühlen der Eier. Die Temperatur im Brutraum kann auch die Luftfeuchte im Gerät beeinflussen. Warme Luft steigt in die Höhe. Je kühler ein Brutraum ist, desto mehr warme Luft entweicht durch die Luftrosette und wird durch kühlere Luft ersetzt, die wieder aufgeheizt werden muss. Der Luftaustausch geht dann also schneller vonstatten, und damit findet auch eine schnellere Verdunstung statt. Ist der Raum zu warm, kann das den Luftzug in der Maschine reduzieren und eine ungleichmäßige oder mangelhafte Belüftung verursachen. (Quelle: *Kunstbrut* von Dr. A. F. Anderson Brown, siehe Anhang)

Vorbereitung der Brut

Jeder Brutmaschinenhersteller liefert eine genaue Gebrauchsanleitung mit. Daran sollte man sich halten. Vor Brutbeginn überprüfe ich immer das Winkelthermometer und Hygrometer auf ihre Funktionstüchtigkeit. Einen Tag vor der Eieinlage wird der Brutapparat eingeschaltet und auf

Wer gewissenhaft brütet, wird belohnt. (Foto: Beate Meisenzahl)

37,6 Grad eingestellt. Sobald dieser Wert erreicht ist, füllt man eine Wasserschale und kontrolliert anhand des Hygrometers die ungefähre Feuchte im Brutschrank. Diese lässt sich mithilfe der Luftrosette des Brüters noch etwas regulieren. Es empfiehlt sich, die Bruttemperatur mehrmals zu kontrollieren, um sicherzugehen, dass sie konstant bleibt. Am Vorabend nehme ich die Eier aus dem Lagerraum in die Wohnung und erwärme sie dort über Nacht auf Zimmertemperatur (20 bis 25 Grad). Dieses langsame Erwärmen ist wichtig, denn ein zu plötzliches Ansteigen von der Lager- zur Bruttemperatur kann für den durch die Lagerung geschwächten Keim tödlich sein. Am Morgen werden die Eier gewendet und in die Brutmaschine gelegt. Es dauert danach eine Weile, bis die eingestellte Temperatur wieder erreicht ist. Gewendet wird erst wieder am nächsten Tag. Dann beginnt auch die wichtigste Aufgabe für den Züchter, nämlich 30 Tage lang die Maschine so zu bedienen, dass die Brutbedingungen der Naturbrut nahekommen. Das heißt: Temperatur, Luftfeuchte sowie das Wenden und Kühlen müssen in jeder Hinsicht stimmen.

Ich mache mir für jede Eieinlage eine Brutliste, auf der meine täglichen Arbeiten immer gleich notiert werden. Überprüfen Sie unbedingt regelmäßig die Temperatur. Sie hat großen Einfluss auf den Schlupferfolg!

So brüte ich in meinen Schrankbrütern:

Temperatur während der Vorbrut	1. bis 24. Tag 37,6 °C	25. bis 27. Tag 37,4 °C	
Temperatur während der Schlupfbrut	28. bis 31. Tag 37,2 °C		
Relative Luftfeuchtigkeit	1. bis 10. Tag 60 %	11. bis 27. Tag 70 %	
Schlupfbrut	28. bis 31. Tag 80–90 %		
Wenden	2. bis 24. Tag 3 x täglich 180 Grad Ab dem 25. Tag werden die Eier nicht mehr gewendet.		
Kühlen	Ab dem 7. Bruttag 2 x täglich		
	7. bis 12. Tag 2 x 10 Minuten	13. bis 17. Tag 2 x 15 Minuten	18. bis 24. Tag 2 x 20 Minuten
	25. Tag bis zum Anpicken 2 x täglich 30 Minuten		

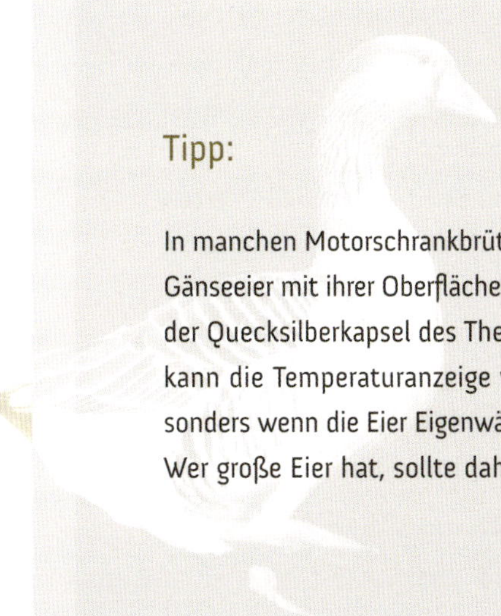

Tipp:

In manchen Motorschrankbrütern liegen große Gänseeier mit ihrer Oberfläche sehr dicht unter der Quecksilberkapsel des Thermometers. Das kann die Temperaturanzeige verfälschen, besonders wenn die Eier Eigenwärme entwickeln. Wer große Eier hat, sollte daher besser etwas Abstand lassen. Bei mehreren Bruteinlagen sollten sie auch nicht Stück an Stück auf den Horden liegen, denn das kann zu versteckten Wärmestaus im Brutschrank führen. Ein kleiner Abstand zwischen den einzelnen Eiern gewährleistet eine durchgängige Luftzirkulation.

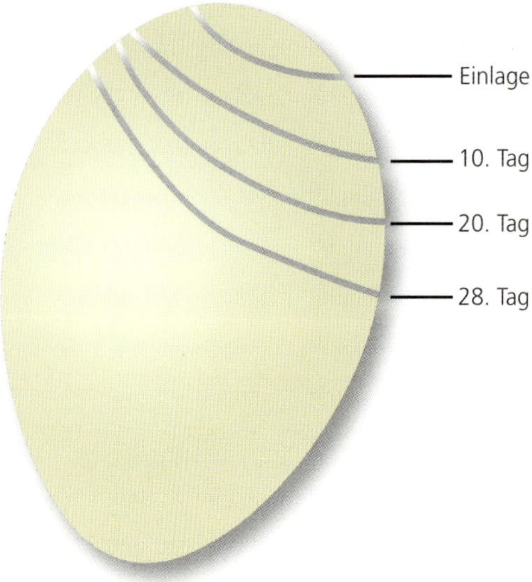

Entwicklung der Luftblase während der Bebrütung.

Luftfeuchte

Die Poren der Eischale sind durchlässig, und von dem Moment an, wo das Ei gelegt wird, beginnt auch seine Verdunstung. Diese wird durch die Bruttemperatur, die Luftfeuchte und die Luftbewegung im Brüter bestimmt. Eine zu schnelle Verdunstung oder auch eine zu langsame beeinflussen die Schlupfrate erheblich. Durch Einbringen von Wassergefäßen, die am Boden des Brüters stehen, wird die erforderliche Luftfeuchte erzeugt. Entscheidend ist nicht die Wassermenge, sondern die Größe der zu verdampfenden Wasseroberfläche. Mit den Luftrosetten des Brüters lässt sich die Luftfeuchtigkeit noch etwas regulieren. Dreht man sie etwas zu, erhöht sich die Feuchte, öffnet man sie, bleibt der Wert im Durchschnittsbereich.

Beim Schlupf wird die notwendige Luftfeuchte erreicht, indem man warmes Wasser in die Wasserschale füllt und ein größeres oder zusätzliches Wasserbecken in den Brüter stellt. Das Hygrometer gibt Aufschluss über die relative Luftfeuchte im Brüter. Genauigkeit ist allerdings nicht immer die Stärke solcher Geräte. So mancher ist schon verzweifelt, wenn die Scheibe des Brüters bereits beschlagen war, das Hygrometer aber nur eine Feuchte von 55 Prozent angezeigt hat. Hier heißt es cool bleiben und sich an der Luftblase im Ei orientieren. Sie ist ein guter und geeigneter Anzeiger für den richtigen Luftfeuchtigkeitsgehalt. Haben die Eier in einem Bebrütungsstadium zu wenig Feuchte verloren, ist die Luftfeuchte zu hoch; haben sie zu viel verloren, ist die Luftfeuchte zu gering. Eine falsche Luftfeuchte kann man in den verschiedenen Bebrütungsstadien durch Reduzieren oder Erhöhen der Wassermenge korrigieren.

Wenden

Die Keimscheibe (Embryo) ruht auf dem Dotter. Da der Dotter leichter ist als das Eiweiß, steigt er automatisch nach oben. Die Hilfsbänder (Hagelschnüre) halten ihn in der Eimitte, verhindern aber nicht seinen Auftrieb zur Oberkante des Eis. Bis die Blutgefäße des Embryos so weit entwickelt sind, dass sie ihn mit Nährstoffen versorgen, ermöglicht jede Drehung, dass die Keimscheibe mit frischen, lebensnotwendigen Nährstoffen in Berührung kommt. Darum muss das Ei, und mit ihm der Dotter, in Abständen gewendet werden. Wenn das nicht geschieht, berührt der Embryo die Eischale, heftet an ihr fest, wächst dadurch nicht normal weiter und stirbt ab. Das Wenden sichert auch eine gleichmäßige Erwärmung der Eier. Es darf nicht immer nur in eine Richtung erfolgen, weil sonst die Hagelschnüre aufgrund der starken einseitigen Aufwicklung reißen. Gewendet wird abwechselnd: einmal nach vorn, das nächste Mal nach hinten drehen. Ab dem 25. Bruttag wird nicht mehr gewendet. Der Embryo verändert seine Position im Ei nun selbstständig und nimmt allmählich Schlupfposition ein.

Schieren

Am zehnten Bebrütungstag werden die Eier erstmals geschiert (durchleuchtet). Brutmaschinenhersteller bieten dafür spezielle 40-Watt-Schierlampen an. Befruchtete Eier stimmen Züchter froh, unbefruchtete und früh abgestorbene müssen, sofern es nur wenige sind, in Kauf genommen und aussortiert werden. Damit man möglichst viel von dem Eiinhalt sieht, muss der Raum dunkel sein. Ich schiere deshalb abends. (Wer bei Naturbrut im Stall schiert, sollte das unter einer dunklen Decke tun.) Die Eier werden auf der Bruthorde liegend durchleuchtet. Am besten setzt man die Lampe am stumpfen Eiende an. Ein befruchtetes Ei zeigt einen rötlichen Keim, von dem spinnennetzartige Adern abgehen. Ist das Ei klar, ist es nicht befruchtet. Früh abgestorbene Eier zeigen einen roten Blutring ohne erkennbare Blutgefäße, zu einem späteren Zeitpunkt erscheint ein schwarzer Fleck im Ei. Ich schiere meine Eier wöchentlich, um den Entwicklungszustand der Embryonen und besonders die Größe der Luftkammer zu überwachen. Die Luftkammer befindet sich im stumpfen Eiende und muss während der Bebrütung größer werden (siehe Abschnitt „Luftfeuchte"). Ihre Entwicklung verläuft nicht gleichmäßig. Anfangs wächst die Luftblase schneller, in der Mitte der Brutzeit bleibt sie auf einem gewissen Niveau und gegen Ende steigt ihr Wachstum noch einmal an. Am 28. Bruttag, also zwei Tage vor dem Schlupf, wird noch mal geschiert, um eventuell abgestorbene Embryos zu entfernen. Der Inhalt eines lebenden Eis ist fest und vollständig verdunkelt mit einem kleinen scharfen Rand zwischen der Luftkammer und dem Embryo.

Frischluft

Gänseeier brauchen viel Frischluft! Mit fortschreitender Bebrütungszeit muss auch für eine höhere Sauerstoffzufuhr gesorgt werden.

Der Austausch erfolgt über die Luftrosetten. Als Faustregel gilt, dass im ersten Drittel der Brut die Lüftungsklappen zu einem Drittel, im zweiten Drittel zu zwei Dritteln und im letzten Drittel (je nach Luftfeuchte und Belegung) fast vollständig oder sogar ganz geöffnet werden.

Kühlen

Das Kühlen der Gänseeier ist von großer Bedeutung. Hier wird das natürliche Verhalten der Brutgans nachempfunden. Auch sie verlässt gelegentlich ihr Nest zur Futtersuche. Die angegebenen Kühlzeiten sollten unbedingt eingehalten werden, denn Kühlen erhöht die Schlupfrate! Etwas mehr schadet weniger als zu wenig Kühlung. Die Eier werden samt Horde aus dem Brüter genommen, auf den Tisch gestellt, mit lauwarmem Wasser besprüht und bei Zimmertemperatur abkühlen gelassen. Am Ende der Kühlzeit werden sie gewendet, wieder besprüht und zurück in die Brutmaschine gestellt. Ab dem 25. Bruttag gibt man etwas Essig in das Wasser, mit dem die Eier besprüht werden, damit die Schale nicht mehr so hart ist und die Gössel es mit ihrem Eizahn leichter haben, sie zu durchstoßen. Nun kann man beim Kühlen schon die ersten „Eiwackler" beobachten. Die Embryonen drehen sich jetzt selbstständig. Sie stoßen sich dabei mit dem Schnabel und den Füßen an der Eischale ab, was die Eier auf der Horde wackeln lässt.

Brutei mit schlüpfendem Gänsekind auf einem selbst gebastelten Eihalter. (Foto: Marion Bohn-Förder)

Am 28. Tag werden die Gänseeier von der Rollen- auf die Schlupfhorde gelegt. Erschütterungen sind hierbei zu vermeiden. Ich habe mir kleine runde Eihalter gebastelt. Die Größe ist hierbei so zu bemessen, dass das stumpfe Eiende frei liegt, damit der Gössel es beim Ausbrechen aus der Schale gut abdrücken kann. Jedes Brutei wird auf einen eigenen Eihalter gelegt, denn wie bereits erwähnt, sollen sie ja nun in ihrer Position liegen bleiben, da es sonst zu falschen Pickstellen kommt. Die Fixierung gibt mir die Sicherheit, dass die Eier genügend Halt haben und beim Herausnehmen der Horde zum Kühlen nicht auf dem Drahtgitter durcheinanderrollen und womöglich anknacksen. Auch beim Schlupf hat dies Vorteile. Der Gössel kann seine Eischale wesentlich leichter aufbrechen, wenn sie, wie im natürlichen Nest, etwas fixiert ist. Zudem kuscheln sich frisch geschlüpfte Gössel gern an die Eischalen ihrer

noch in den Eiern steckenden Geschwister. Ohne eine Fixierung würden die Eier dadurch oft hin und her rollen, was keinesfalls gut für ein schlüpfendes Gänsekind ist.

Interessant wird es um den 28./29. Tag, denn da brechen die Embryonen in die Luftkammer ein und nehmen ihren ersten Atemzug. Wer jetzt aufmerksam hinhört, vernimmt mit etwas Glück ein leises „Wiii" im Ei. Der Embryo kann nun schon Geräusche von außen oder Stimmen wahrnehmen. Wenn das erste Ei angepickt ist, wird nicht mehr gekühlt. Ein unnötiges Öffnen der Brutmaschine sollte nun vermieden werden, um die notwendige Luftfeuchte zu halten.

Den Schlupf bewältigt das Gänsekind normalerweise ohne fremde Hilfe. (Fotos: Marion Bohn-Förder)

Der Schlupf

Nun heißt es ruhig bleiben, hoffen und abwarten, auch wenn man vor Nervosität im Kreis rennen möchte. Zwischen dem ersten Riss in der Schale bis zum vollständigen Ausbrechen eines Gössels aus seinem Ei vergehen unter Umständen ein bis zwei Tage. Der Brutapparat sollte auch während des Schlupfes nicht unnötig geöffnet werden, damit die erforderliche Luftfeuchtigkeit erhalten bleibt. Das ist wichtig, damit die Eihäute nicht trocken und zäh werden, denn dann kann der Gössel nur schwer oder im schlimmsten Fall gar nicht allein schlüpfen. Nur in Notfällen, wenn etwa ein Gössel an einem Teil der Eihaut festklebt oder auch bei stagnierenden Fehllagen, wird geholfen. Die Gans tut dies auch! Dort wo der Schnabel zu sehen ist, öffnet man die Eischale vorsichtig und legt den Kopf behutsam drehend frei. Danach wird die restliche

Geborgenheit bei der Mutter – die natürliche Aufzucht ist für Gössel das Beste. (Foto: Marion Bohn-Förder)

Eischale mit lauwarmem Wasser besprüht und der Gössel zum weiteren Schlupf und zur Abtrocknung wieder in den Schlupfbrüter gelegt. Die Hilfe darf aber nicht zu früh erfolgen, weil der Gössel sonst verbluten kann. Zweimal am Tag werden die geschlüpften Gössel entnommen, nachdem die Daunen am Hals trocken-flaumig sind. Bleiben sie zu lange im Schlupfbrüter, besteht die Gefahr einer Atemwegserkrankung. Nach dem Schlupf wird die Brutmaschine samt Horden gründlich gereinigt und desinfiziert.

Es gibt noch sehr viel mehr Wissenswertes zum Thema Kunstbrut, doch das würde den Rahmen meines Buches sprengen. Informieren Sie sich in weiterführender Literatur und bei den Rassegeflügelvereinen.

Natürliche Aufzucht durch die Brutgans

Die ersten 24 Stunden nach dem Schlupf sind die Gössel noch durch ihren eingezogenen Dottersack versorgt, danach bekommen sie Hunger und Durst. Der Raum für die Gans und ihren Nachwuchs soll anfangs etwas eingeengt werden, damit die Kleinen nicht so weit zu Futter und Wasser laufen müssen. Der Nestrand muss so beschaffen sein, dass die Gössel ihn bequem passieren können. Wichtig ist auch hier eine reichliche, saubere und vor allem trockene Einstreu. Ich decke anfangs das Stroh mit einer Lage Heu ab. Hierauf können die Gössel besser laufen. In den ersten drei, vier Tagen lasse ich Mutter und Kinder im geschützten Stall, danach dürfen sie

An warmen Tagen dürfen Mutter und Kinder schwimmen gehen. (Foto: Beate Meisenzahl)

bei schönem Wetter ins Freie, wo sie gierig Gras zupfen. Bei zu nassem Gras und Regenwetter sollte man sie lieber drinnen lassen. Die Kleinen sind noch nicht genügend eingefettet und durchnässen daher leicht, unterkühlen und erkälten sich, was oft tödlich endet.

Ein Gösselauslauf sollte frisch sein. Ausläufe, die vorher von anderem Federvieh belaufen wurden, sind immer ein Gesundheitsrisiko. Das Gras muss relativ kurz sein, weil die Gössel bei langem Wildwuchs ständig stolpern und panisch werden würden. Der Zugang zum Nest muss jederzeit möglich sein, denn die Gans führt die Gössel nach ihren, anfänglich kurzen, Ausflügen immer wieder dorthin, um sie zu wärmen. An wärmeren Tagen dürfen Mutter und Kinder schwimmen. Das bekommt dem Nachwuchs gut. Hierbei können sich die Kleinen mit dem Ölsekret aus ihrer Bürzeldrüse einfetten. Ihr Gefieder wird so nach und nach wasserdicht.

Führende Gänseeltern brauchen ihre Ruhe! Man sollte sie gewähren lassen, sich nicht unnötig einmischen und die Gänsefamilie keinesfalls schnell treiben. In ihrer Wachsamkeit und Abwehrbereitschaft reagieren Gänseeltern oft sehr heftig und unkontrolliert. Während einer Stresssituation fixieren sie meist nur noch den „Störenfried" und vergessen dabei die Gössel vor ihren Füßen. So manches Gänsekind wurde dabei schon lahm- oder totgetreten. Sobald sie voll befiedert sind, suchen die Junggänse auf der Weide ihr Futter größtenteils selbst.

Künstliche Aufzucht

Keine Gänsemutter – keine Wärmequelle. Die aber brauchen Gössel unbedingt in den ersten vier Lebenswochen, ganz besonders direkt nach dem Schlupf, denn bislang waren sie eine Temperatur von 37,2 Grad gewohnt. Die Gössel müssen über mehrere Tage hinweg behutsam an niedrigere Temperaturen gewöhnt werden. Unsere Gössel kommen zunächst in ein Kükenwärmeheim. Hier finden sie unter einem Dunkelstrahler in mollig warmen Frottiertüchern Geborgenheit und können sich von dem anstrengenden Schlupf erholen. In den ersten 24 Stunden schlafen sie fast nur, danach haben sie Hunger und Durst. Schlüpft anfangs nur ein Gössel, bekommt er einen Teddybären als Gesellschafter. Der Freund zum Kuscheln sagt zwar nichts, er vermittelt dem kleinen Gänsekind aber das Gefühl von Gesellschaft und Geborgenheit. Wenn weitere Gössel geschlüpft sind, kommt der Bär wieder ins Regal. Drei bis vier Tage belasse ich die Tierchen im Kükenwärmeheim, danach beziehen sie ihren Aufzuchtstall. In den ersten acht bis zehn Tagen sollte den Gösseln nur ein begrenzter Raum (der aber schon genug Bewegungsfreiheit bieten muss) mit abgerundeten Ecken zur Verfügung stehen, damit sie nicht die Orientierung verlieren und womöglich nicht mehr zur Wärmequelle finden. Ideal ist ein Kükenring. Einen Tag vor dem Einstallen wird der Stall vorgeheizt. Gössel benötigen anfangs eine Raumtemperatur von 26 Grad und eine zusätzliche punktuelle Wärmequelle. In der ersten Woche verwenden wir einen Infrarotstrahler, damit sie sich auch nachts orientieren

Direkt nach dem Schlupf fixiert mich der Gössel – für ihn bin ich nun die Mutter. (Foto: Marion Bohn-Förder)

können und immer zu ihrer Wärmequelle zurückfinden. Die Temperatur darunter wird in „Tierhöhe" gemessen: Liegen die Tierchen entspannt um den Strahler herum, ist die Temperatur richtig. Klettern sie auf einen Haufen direkt darunter, zeigt das, dass sie frieren. Dann muss der Strahler etwas tiefer gehängt werden. Die Angaben des Herstellers sind aber unbedingt zu beachten (Brandgefahr). In der zweiten Woche tauschen wir die Infrarotbirne gegen einen Dunkelwärmestrahler, damit die Kleinen ihren geregelten Tag-Nacht-Rhythmus haben.

Gänsekinder vertragen keinen kalten Boden, daher muss die Einstreu reichlich sein, besonders unter der Wärmequelle. Geeignet sind trockene Hobelspäne, auf die eine dicke Lage Heu oder kurzes Stroh gegeben wird, die täglich erneuert werden muss. Als Tränke eignet sich am besten eine handelsübliche Geflügeltränke mit Bajonettverschluss. Diese sollte häufig gereinigt werden, weil die Tiere mit ihren Schnäbeln viele Futterpartikel in ihr Trinkwasser einbringen, wodurch dieses schnell verschlammt. Ein Tränkenuntersatz mit Auffangteller verhindert, dass die Einstreu zu schnell durchnässt. Nasse Einstreu beeinträchtigt das Wohlbefinden der Gänschen erheblich und schädigt ihr Bauchgefieder. Als Futtergefäße eignen sich Krippen aus Kunststoff (ohne Fressgitter) oder niedrige, glasierte Kaninchenfuttertröge aus Ton. Wichtig ist, dass genügend Futtergefäße angeboten werden, damit alle Gössel zur gleichen Zeit ungestört fressen können. Wenn erstes Gras vorhanden ist, bieten wir unseren Kids immer einen Trog mit klein geschnittenem Grünfutter an, worauf ich eine Prise feinen Vogelsand streue. So nehmen sie gleichzeitig etwas Grit auf. Bitte verwenden Sie für Gänse keine handelsüblichen Grünfutterkörbe! Junge Gänse sind neugierig und knabbern an allem herum. Geraten sie dabei mit ihrem Kopf zwischen die Metallstäbe, könnten sie hängen bleiben und ersticken. Das gilt auch für die Schutzkörbe der Wärmestrahler. Die sind zwar notwendig, sollten aber für Gössel und Junggänse unerreichbar sein.

Bei schönem Wetter darf unser Nachwuchs bereits nach drei, vier Tagen für kurze Zeit in

Erschöpft – nach dem Schlupf wird erst mal geschlafen. (Foto: Marion Bohn-Förder)

Künstlich aufgezogen sind junge Gänse zunächst anhänglich. Später, in Gesellschaft von Artgenossen, entwickeln manche Rassen ihrem Halter gegenüber eine natürliche Distanz. (Foto: Beate Meisenzahl)

den Auslauf. Gänsekinder wachsen schnell, Sonne und genügend Bewegung unterstützen den Aufbau ihres Skeletts und der Muskulatur. In einem versetzbaren Gatter mit Sonnenschutz können sie fleißig Gras zupfen, das gibt Kondition. An warmen Sonnentagen bekommen die Gössel auch eine flache Badegelegenheit (großer Blumenkübeluntersetzer aus Kunststoff), damit sie sich frühzeitig ans Wasser gewöhnen. Raben und Elstern sind eine ernst zu nehmende Gefahr für Gössel, daher sollte besser ein Netz über das Gatter gespannt werden.

Bei anhaltend schlechter Witterung bleiben die Gössel im Stall, werden aber in der zweiten Woche, sofern es das Wetter einigermaßen zulässt, ein- bis zweimal täglich für fünf Minuten ins Freie geführt, damit sie abhärten. Je älter sie werden, desto länger können sie draußen bleiben. Ich betone aber noch mal, dass sie in den ersten vier Wochen immer zu ihrer Wärmequelle zurückfinden müssen und ihr Aufenthalt draußen vom Wetter abhängig ist. Sie dürfen keinesfalls nass werden und unterkühlen. Erst ab der fünften Lebenswoche benötigen sie keine Wärmequelle mehr. Ein Regen- beziehungsweise Sonnenschutz sollte den Junggänsen auf der Weide immer zur Verfügung stehen. Bei großer

Temperaturen für die Gösselaufzucht

Tag	Wärmequelle	Raumtemperatur
1. bis 3.	31 bis 29 °C	26 °C
4. bis 7.	30 bis 28 °C	24 °C
8. bis 12.	27 bis 25 °C	22 °C
13. bis 18.	24 bis 22 °C	18 °C
19. bis 21.	21 bis 18 °C	18 °C

Greifvogelpopulation müssen, bis die Tiere etwas größer sind, entsprechende Vorsichtsmaßnahmen getroffen werden.

Wenn unsere Junggänse zwölf Wochen alt sind, lassen wir vorsorglich Sammelkotproben beim Tierarzt auf einen eventuellen Wurmbefall untersuchen. Das tun wir bei allen unseren Gänsen in regelmäßigen Abständen.

Junge oder Mädel?

Im Alter von etwa 15 Wochen kommen die Junggänse in den Stimmbruch. Nun klingen ihre kindlichen Lautäußerungen etwas tiefer, und wer genau hinhört, wird feststellen, dass einige eine tiefere, rauere und andere eine etwas höhere, hellere Stimme haben. Die tieferen Stimmen sind in der Regel die der Mädels, ganz sicher hört man das aber nur mit viel Erfahrung heraus. Junge Ganter sind normalerweise etwas kräftiger, ihre Körperhaltung ist aufrechter als die der Gänse. Der Kopf weiblicher Tiere ist meist feiner, der Hals etwas schlanker und die Beine sind nicht so hoch gestellt. In der Bauchregion neigen Gänse mit rassebedingter Wammenveranlagung früher zur Bildung einer solchen als junge Ganter. Diese entwickeln zunehmend ihr Imponiergehabe. Sind es mehrere Jungs, gehören „Machtspielchen" untereinander zum Erwachsenwerden dazu. Das gegenseitige „Sich-besteigen-Wollen" junger Ganter im Wasser ist eines davon.

Die sicherste Methode der Geschlechterbestimmung ist aber die Untersuchung der Kloake. Diese wird durch sanften, vorsichtigen Druck ausgestülpt. Beim Ganter wird so das korkenzieherförmige Glied sichtbar. Da diese Untersuchung aber sehr viel Übung und Fingerspitzengefühl voraussetzt, sollte sie nur von erfahrenen Züchtern vorgenommen werden. Eventuell findet man im ortsansässigen Rassegeflügelverein jemanden, der die Geschlechterbestimmung vornehmen kann.

Fit und gesund – ein Gänseleben lang!

Vorbeugen ist besser als heilen. Diese alte und einfache Wahrheit sollte sich jeder Gänsehalter zu Herzen nehmen. Wenn wir unsere Gänse gewissenhaft versorgen und ihre Bedürfnisse bezüglich Fütterung und Haltung erfüllen, können wir zumindest jene Krankheiten, die durch Haltungsfehler entstehen, verhindern. Aber auch wenn man sich noch so sehr um das Wohl seiner Gänse bemüht, ist man gegen Krankheiten nicht gefeit.

Wache Augen, kräftige Schnabelfarbe – so sehen gesunde Gänse aus. (Foto: Dr. Richard Maurer)

Vorsorge

Nur wer seine Gänse genau beobachtet, wird frühzeitig erkennen, wenn eines seiner Tiere sich nicht wohlfühlt. „Das Auge des Herrn mästet sein Vieh", besagt eine alte Bauernweisheit. In unserem Fall muss es heißen: „Das Auge des Herrn erhält sein Vieh." Denn allein das äußere Erscheinungsbild einer Gans kann schon viel über ihr Wohlbefinden aussagen. Gänse, die mit wachen, aufmerksamen Augen, glattem Gefieder und lebhaften Schritten über ihren Auslauf stolzieren, einen guten Appetit haben und auch sonst keine Anomalien aufweisen, erfreuen sich in der Regel bester Gesundheit.

Ich vergewissere mich schon bei der morgendlichen Fütterung, ob auch jede Gans am Trog ist. Wenn alle Köpfe hungrig in der Futterkrippe picken, ist alles im grünen Bereich. Sollte eine jedoch auffällig viel trinken und lustlos, kopfschüttelnd im Futter herumpicken, läuten bei mir sofort die Alarmglocken. Solche Tiere muss man im Auge behalten.

Schnabel-Check: Wenn eine Gans Probleme mit der Nahrungsaufnahme hat, sollte man einmal in ihren Schnabel sehen. Entzündungen in der Schnabelhöhle sind bei Gänsen zwar selten, kommen aber vor. Sie können durch Dornen, spitze Steinchen,

Vom Scheitel bis zum Paddel – das Exterieur der Gans. (Zeichnung: Susanne Retsch-Amschler)

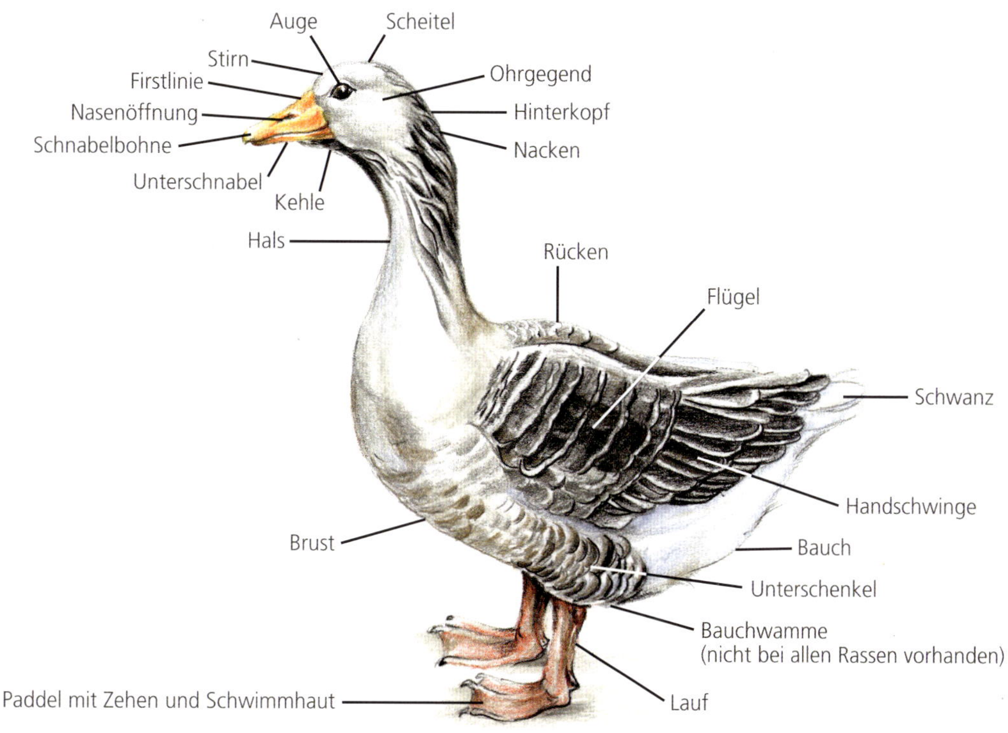

Holzspäne oder andere aufgenommene Gegenstände entstehen. Ich hatte einmal eine Junggans, bei der sich ein kleinerer Clipring (wird zur Kennzeichnung junger Gänse am Bein angebracht) um die Zunge gelegt hatte und diese kräftig zusammenschnürte.

Bei Verletzungen in der Schnabelhöhle wird die betroffene Stelle mehrmals täglich mit Hexal-Lösung für die Mundhöhle (Apotheke) eingepinselt.

Im Inneren des Oberschnabels ist als kleiner, länglicher, mit weißen Sinneshärchen umgebener Schlitz die Coanenspalte zu erkennen. Setzt sich dort ein spitzer Partikel fest, kann es zu heftigen Entzündungen kommen. Bei strengem Geruch aus dem Schnabel sollte man sich daher die Coanenspalte samt umliegender Schleimhäute ansehen.

Schwellungen am Unterschnabel (Kehle) können auf Futterreste hinweisen, die sich unter der Zunge festgesetzt haben und die die Gans nicht wieder herausbekommt. Hier ist sie froh, wenn menschliche Hände helfen.

Da Gänse ihren Schnabel oft tief in die Stalleinstreu stecken, kommt es hin und wieder vor, dass sich ein Strohhalm oder eine leere Kornähre senkrecht in eine Nasenöffnung schiebt, dort stecken bleibt und die Nase verstopft. Ein solcher Fremdkörper muss entfernt werden, sonst gibt es Entzündungen. Die Nasenscheidewand ist bei Gänsen im Bereich der Nasenlöcher nicht getrennt. Man sollte von einer Seite zur anderen durchschauen können. Ist das nicht der Fall, besteht Handlungsbedarf.

So sehen die Beine einer gesunden Fränkischen Landgans aus. (Foto: Beate Meisenzahl)

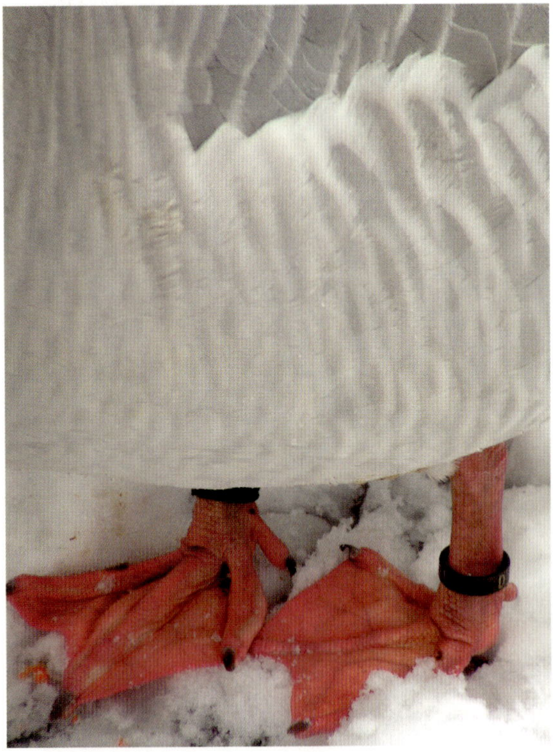

Bein- und Schnabelfarbe: Bei gesunden ausgewachsenen Gänsen sind Beine und Schnabel sattorange oder rosa gefärbt (abhängig von der Rasse). Wenn Schnabel und Beine sehr blass sind, könnten Innenschmarotzer (Endoparasiten wie Würmer) im Spiel sein. Auch für ein Defizit an Mineralien (die Gans benötigt sie für einen ungestörten Ablauf des Stoffwechsels und aller Lebensfunktionen) kann eine schlechte Schnabel- und Beinfarbe ein Indiz sein. Bei brütenden Gänsen ist das deutlich zu sehen.

Gefieder: Eine regelmäßige Kontrolle der Tiere auf einen möglichen Befall mit Außenschmarotzern (Ektoparasiten wie Milben, Federlinge, Zecken) ist unerlässlich, damit er frühzeitig erkannt und behandelt werden kann.

Kot einer gesunden Gans: links bei Grünfutter und rechts bei Karotten. (Foto: Marion Bohn-Förder)

Kot: Die Beschaffenheit des Kots hängt von dem aufgenommenen Futter sowie der getrunkenen Wassermenge ab. Bei Grünfutter sollte er wie ein gut geformtes „Pestowürstchen" aussehen, worauf eine dünne weißliche Schicht (die Harnsäure) zu erkennen ist. Bei sehr nassem Gras oder bei Pelletfütterung wird der Kot aufgrund der vermehrten Wasseraufnahme breiiger abgesetzt. Da Gänse viele Pflanzenfasern verdauen müssen, haben sie einen sehr gut ausgebildeten Blinddarm, in dem die Zellulose von Zellstoff spaltenden Bakterien für den Körper verwendbar gemacht wird. In der Regel folgt auf etwa sechs bis acht normale Darmentleerungen eine Entleerung des Blinddarminhalts, der eine dunkelgrüne Farbe hat, dünnbreiig ist und sehr streng riecht.

Wichtig ist, dass die aufgenommene Nahrung fein zermahlen ausgeschieden wird. Ganze Grashalme oder Getreidekörner im Kot deuten auf eine Störung im Magen-Darm-Trakt hin. Eine unzureichende Aufnahme von Grit kann hierfür die Ursache sein.

Hilfe, meine Gans ist krank!

Ich gehe hier auf das Thema Gänsekrankheiten bewusst etwas detaillierter ein. Das bedeutet nicht, dass diese Vögel besonders krankheitsanfällig sind – dem ist nicht so. Erwachsene Gänse werden bei optimalen Haltungsbedingungen nur selten krank, aber wenn sie erkranken, haben Halter und Tier häufig ein ernstes Problem. Der Gang zum Tierarzt wird dann oft zur Odyssee, die nicht selten traurig endet. Denn viele Tierärzte sind mit der Behandlung von Gänsen hoffnungslos überfordert. Gänse sind eben seltene Patienten in den Kleintierpraxen, und auch während ihrer Ausbildung erfahren Tierärzte nur sehr wenig über Krankheiten von Gänsen und deren Behandlung. Glück hat, wer einen auf Geflügel spezialisierten Tierarzt in seiner näheren Umgebung findet.

Winter – kein Problem, Gänse sind robust. (Foto: Michael von Lüttwitz)

Keine Kompromisse bei der Tierarztwahl

Gänse sind, verglichen mit anderen Haustieren, sehr empfindliche Patienten. Sie vertragen nur wenige Medikamente, weshalb nicht viel experimentiert werden kann.

Wir lassen unsere Tiere ausschließlich von einem Spezialisten für Geflügel behandeln und nehmen einen etwas weiteren Fahrtweg gern in Kauf. Von ihm bekommen wir Wurmkuren und die alljährliche Parvoviroseimpfung. Bei erregerbedingten Krankheiten erstellt er, je nach Zustand des Tiers, sicherheitshalber ein Antibiogramm; so bekommt die Gans auch das richtige Antibiotikum. Damit dafür genügend Zeit bleibt, muss man sein erkranktes Tier frühzeitig zum Arzt bringen.

Die nun folgenden Seiten sollen Ihnen Auskunft über die häufigsten Gänsekrankheiten geben. Sie ersetzen keinesfalls den Gang zu einem geflügelkundigen Tierarzt und sind lediglich als Orientierungshilfe gedacht.

Virale Erkältungskrankheiten

Erkältungskrankheiten sind oft Mischinfektionen mit bakteriellen und viralen Erregern. Häufig sind Influenzaviren aber die Auslöser der Erkrankung.

Influenza-A-Viren kommen in Menschen, Wildvögeln und auch in unserem Hausgeflügel vor. Innerhalb dieses Subtyps können sowohl pathogene (krank machende) als auch apathogene Varianten vorhanden sein. Sie leben auf den Schleimhäuten, und das Immunsystem eines gesunden Vogels verhindert ihr Eindringen in die

Bei gutem Wetter sollten Gössel viel frische Luft genießen. Aber Vorsicht bei schlechter Witterung: Hier drohen Erkältungskrankheiten. (Foto: Marion Bohn-Förder)

Schleimhautschichten. Aber durch verschiedene, für den Vogelorganismus ungünstige Einflüsse, wie etwa ständige Zugluft im Stall, zu starke Besatzdichte, Stress oder Durchnässen der Gössel bei kalter Witterung, können die pathogenen Viren die Oberhand gewinnen, die körpereigene Schutzbarriere des geschwächten Vogels durchbrechen und in die Schleimhaut eindringen. Das Tier erkrankt an einer Erkältung oder Grippe.

Krankheitsbild: Mattigkeit, Fressunlust, Niesen, schleimiger Nasenausfluss, erschwerte Atmung (Röcheln), Tränenfluss. Nicht selten sind beide Nebenhöhlen geschwollen (Sinusitis).

Behandlung: Antibiotika bekämpfen zwar nur die bakteriellen Sekundärinfektionen, sind aber häufig angezeigt und mildern den Verlauf massiv ab. Viruvetsan® (homöopathisches Arzneimittel für Tiere) wird direkt, oral, verabreicht. Die Vitamine A, C und E werden zusätzlich für ein bis zwei Tage über das Trinkwasser gegeben.

Vorbeugung: Auf optimale Haltungs- und Fütterungsbedingungen achten. Bei zugekauften Tieren genau hinsehen und im Zweifelsfall lieber eine Quarantänewoche einhalten.

Achtung!

Sehr selten (meist durch Kontakt mit Zugvögeln oder Tieren aus gewerblichen Enten- oder Hühnerzuchten) können sich Gänse mit hochpathogenen Influenzastämmen infizieren, die auch Durchfallerkrankungen und neurologische Symptome verursachen, bis hin zu hoher Sterblichkeit im Bestand. Hier spricht man von der klassischen Geflügelpest, die auch dem Menschen gefährlich werden kann. Bei begründetem Verdacht sollte der Züchter, schon im Interesse seiner eigenen Gesundheit, dem Veterinäramt Meldung machen.

Parvovirose der Gössel

Diese Infektionskrankheit, die auch Leberentzündung oder Derzsysche Krankheit genannt wird, führt bei Gösseln im Alter von einer bis vier Wochen zu hohen Verlusten. Bei älteren Tieren nimmt die Krankheit eher einen subakuten Verlauf. Das Parvovirus kann die Ursache eines schlechten Schlupfergebnisses sein.

Krankheitsbild: Die Gössel fressen schlecht, bleiben im Wachstum zurück, zeigen teils behinderte Bewegungen, fallen oft um oder bleiben liegen und gehen schließlich ein.

Im späteren subakuten Stadium wird häufig eine Bauchwassersucht (deutlich tastbare Flüssigkeitsansammlung in der Bauchhöhle) beobachtet. Oft zeigen junge Tiere eine spürbar erhöhte Herztätigkeit, was an einer krankhaften Ausdehnung der Herzkammerwand liegt. Besonders auffällig ist die unterschiedliche Größe in einer zuvor einheitlichen und gleichaltrigen Gösselgruppe. Manche Tiere verlieren ihre Rückendaunen. Später kommt es zu Störungen in der Gefiederentwicklung. Oft kommen noch zusätzliche Komplikationen durch Sekundärinfektionen hinzu, die dann das Krankheitsbild bestimmen und auch verlängern.

Behandlung: Nicht möglich.

Vorbeugung: Als wichtigste Vorbeugung ist die zweimalige Impfung (aktive Immunisierung) der Zuchttiere vor Legebeginn anzusehen. Dadurch bekommen auch die Nachkommen eine belastbare maternale

Gesunde Gössel sind die Freude jedes Züchters. (Foto: Beate Meisenzahl)

Immunität, die sie in den ersten Lebenswochen schützt. Aber auch eine Impfung bietet nicht immer einen hundertprozentigen, lebenslangen Schutz. Die regelmäßige Desinfektion des Stalles sowie aller Gerätschaften sollte selbstverständlich sein.

Infektiöse Myokarditis der Gössel

Die Herzmuskelentzündung ist eine sehr verlustreiche Virusinfektion bei Gösseln bis zur fünften Lebenswoche. Vor allem in kommerziellen Gänsezucht- und -brutbetrieben richtet sie große Schäden an.

Krankheitsbild: Die Tiere sind matt, verlieren wässrigen Schleim aus dem Schnabel und zeigen Nasenausfluss. Die meisten Tiere verenden nach zwei bis fünf Tagen an den schweren Entzündungen von Atemwegen, Leber und Herzmuskel.

Behandlung: Ist ursächlich nicht möglich. Antibiotikagabe verhindert jedoch die massiven Sekundärinfektionen und reduziert die Verluste deutlich.

Vorbeugung: Hygienisches Arbeiten, insbesondere bei der Kunstbrut, ist wichtig. Das Mischen von Bruteiern oder frühes Zusammensetzen von Gösseln verschiedener Herkunft sollte vermieden werden, weil so die Verbreitung des Erregers gefördert wird.

Bakterielle Erkrankungen

Escherichia coli als Auslöser von Durchfall, Legenot und Darmverschluss

Kolibakterien kommen überall in unserer Umwelt vor, auch in Menschen und Tieren. Sie besiedeln zusammen mit vielen anderen Mikroorganismen die Darmschleimhäute ihres Wirtes und richten, sofern der Wirt vital ist, keinen Schaden an. Selbst die tägliche Konfrontation mit regelrechten Kolikolonien, wie man sie im Erdreich vieler jahrelang belaufener Geflügelausläufe findet, wird weitgehend verkraftet, weil die Tiere eine Grundimmunität aufgebaut haben.

Geschwächte Tiere jedoch können durch Kolibakterien ernsthaft erkranken. Besonders gefährdet sind Gänse in Stresssituationen, wie etwa gemobbte Tiere einer Zuchtgruppe. Aber auch während der Eiablage und der Brut sind bei den weiblichen Tieren immer mal wieder Verluste zu verzeichnen. Oftmals öffnet eine Koliinfektion die Pforte für andere Bakterien. Es entsteht eine Mischinfektion, bei der in erster Linie der Legeapparat der Gans befallen wird.

Krankheitsbild: Mattigkeit, Fressunlust, vermehrte Wasseraufnahme, wässriger, schwallartiger, zum Teil faulig riechender Durchfall. Weißliche, streng riechende Fibrinauflagen an den Eiern. Oft findet man im Kot weiße, käsige Absonderungen, die an gekochtes Eiweiß erinnern. Sind die Tiere noch nicht zu stark geschädigt, ist eine Antibiotikabehandlung durchaus sinnvoll. Nicht selten führen die Fibrinausschwitzungen zu einer massiven Verklebung des Legeapparats, die letztendlich eine akute Legenot zur Folge hat. Im fortgeschrittenen Stadium können diese Verklebungen auf einen Teil des Darms übergreifen und zu einem hochgradigen Darmverschluss führen. Für solche Gänse gibt es keine Rettung mehr.

Behandlung: Da Kolierreger wahre Künstler im Entwickeln von Antibiotikaresistenzen sind, ist hier die Behandlung dringend nur nach Erstellung eines Antibiogramms durch den Fachmann anzuraten. Blind herumprobieren ist falsch und kostet nur wertvolle Zeit.

Vorbeugung: Stall-, Futter- und Trinkwasserhygiene, Portionsweiden abteilen oder ab und an Weidewechsel. Kot auf kleineren Ausläufen unbedingt regelmäßig absammeln. Tiere nicht auf stehenden Naturtümpeln baden lassen.

Salmonellose

Diese bakterielle Erkrankung kommt bei allen Geflügelarten vor und ist auch auf den Menschen übertragbar. Die Infektion erfolgt über den Kot von Tieren wie Wildvögeln oder Schadnagern und wird von Tier zu Tier übertragen. Schmutzige, feuchte Einstreu, verseuchtes Futter, stehende Gewässer oder schmutzige Badewannen sind ebenfalls Erregerherde. Bei befallenen Jungtieren sind die Verluste sehr hoch, während Alttiere relativ selten erkennbare Anzeichen einer Erkrankung zeigen. Sie können aber den Erreger latent in sich tragen und sind damit oft monatelang Dau-

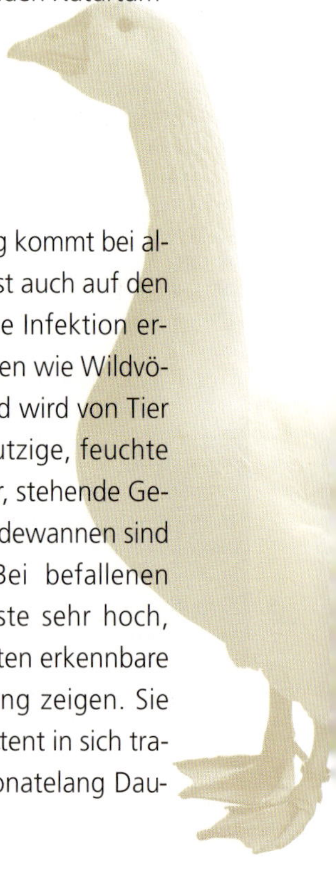

In einem extra zu diesem Zweck angelegten und entsprechend gewarteten großen Teich ist das Baden für Gänse und Halter ein Genuss. Ungepflegte stehende Gewässer können hingegen Gesundheitsrisiken bergen. (Foto: Tobias Hofmann)

erausscheider. Befallene Gänse infizieren auch ihre Bruteier, sodass es zu gehäuften Ausfällen im Embryonal- und Kükenstadium kommt. Geschlüpfte Gössel sind oft Kümmerer, aus denen Dauerausscheider werden können. Häufig wird die Legetätigkeit aber komplett eingestellt.

Krankheitsbild Jungtiere: Bei akutem Verlauf sträuben sie das Gefieder beziehungsweise das Daunenkleid, sind kraftlos und wirken schläfrig. Es kommt zu starkem Durchfall, das Daunengefieder um die Kloake ist verklebt. Auffällig sind das verstärkte Wärmebedürfnis, die Appetitlosigkeit und der starke Durst. Die Zahl der erkrankten Tiere kann erheblich schwanken. Die höchsten Verluste sind während der zweiten Lebenswoche zu verzeichnen. Bei subakutem bis chronischem Verlauf werden auch eitrige Bindehautentzündungen, Atembeschwerden, dicke, geschwollene Gelenke sowie Lähmungserscheinungen beobachtet.

Krankheitsbild Alttiere: Ausgewachsene Gänse zeigen relativ selten erkennbare Anzeichen. Bei akutem Verlauf treten aber auch hier Appetitlosigkeit, vermehrte Wasseraufnahme sowie Durchfall auf. Die Tiere verlieren an Gewicht, ihre Legetätigkeit wird eingestellt. Verluste sind jedoch seltener und werden nur bei den Tieren beobachtet, deren Widerstandskraft durch andere Faktoren geschwächt ist.

Behandlung: Kotuntersuchung zum Erregernachweis. Eine nachgewiesene Salmonelleninfektion wird mit einem geeigneten Antibiotikum behandelt. Aber auch hier ist Vorsicht geboten, da bestimmte in der Geflügelwirtschaft gängige Präparate für Gänse toxisch sind.

Vorbeugung: Konsequentes Hygienemanagement.

Gänse brauchen täglich Zugang zu einer Badegelegenheit. Für kleine Gänserassen eignet sich auch eine Kotwanne für Kaninchenställe. (Foto: Beate Meisenzahl)

Entzündungen der Bürzeldrüse

In der Nähe der Schwanzspitze liegt an der Basis der Steuerfedern die etwa haselnussgroße Bürzeldrüse mit zwei Öffnungen. Sie enthält ein öliges Sekret, mit dem sich die Tiere zum Schutz vor Durchnässung einreiben. Bei vereinzelten Tieren verstopfen die Öffnungen dieser Drüsen. Gänse, die keine tägliche Badegelegenheit haben, sind hiervon sehr viel eher betroffen. Anhaftender Schmutz und der Federstaub können die Poren verschließen, sodass das Ölsekret nicht mehr richtig abgegeben werden kann, sich ansammelt und eindickt. Es entsteht mit der Zeit eine schmerzhafte Entzündung, deren bakterielle Erreger nicht selten auf andere Körperteile übergehen.

Krankheitsbild: Ein steil nach oben oder fortwährend schief getragener Schwanz sowie sichtbar gespannte Bewegungsabläufe und passives Verhalten der Ganter während der Zuchtzeit können Anzeichen für eine Bürzeldrüsenentzündung sein. Manche Tiere beißen sich vor Schmerzen die Steuerfedern ab. Bei akuten Entzündungsprozessen lahmen sie oft einseitig und liegen viel.

Behandlung: Mit warmem Kernseifenwasser die beiden Öffnungen der Drüse aufweichen. Danach ganz sanft ausdrücken. Chronische, bereits eitrige Abszesse müssen vom Tierarzt entfernt werden.

Vorbeugung: Gänse mit diesem Makel sollten regelmäßig kontrolliert werden und müssen täglich die Möglichkeit bekommen, ein ausgiebiges Bad zu nehmen. Hier ist darauf zu achten, dass das Gefieder im Schwanzbereich immer gut durchnässt wird.

Erkrankungen durch Pilze (Mykosen)

Aspergillose (Schimmelpilzerkrankung)

Diese Infektionskrankheit wird durch nass gewordene, schimmelnde Stalleinstreu, einen immer feuchten Stallboden (Holz ist besonders zu kontrollieren) und durch feucht gewordenes Trockenfutter oder Getreide übertragen. Jungtiere können sich aber auch schon im Brutschrank mit der Aspergillose infiziert haben, wenn dieser unhygienisch betrieben wurde. Aspergillus, ein Schimmelpilz, der sich auf feuchtem und fauligem Grund vermehrt, kann Vögel jeden Alters befallen, vor allem deren Atmungssystem. Die eingeatmeten Pilzsporen setzen sich in der Lunge und insbesondere in den Luftsäcken fest, keimen dort aus und erzeugen deutlich erkennbare Schimmelrasen. Mit der Nahrung aufgenommene Pilzsporen können über den Verdauungstrakt direkt in die Blutbahn gelangen und für heftige Entzündungsherde an zahlreichen inneren Organen sorgen.

Die Schwere der chronisch verlaufenden Erkrankung hängt von der Resistenzlage der Tiere sowie der Menge der aufgenommenen Sporen ab. Gestresste und schwache Vögel erkranken wesentlich häufiger an einer Aspergillose.

Krankheitsbild: Atembeschwerden und Apathie. Appetitlosigkeit und eine rasch voranschreitende Verschlechterung des Allgemeinzustands bis hin zum Siechtum und Tod.

Behandlung: Im Frühstadium der Krankheit können antimykotisch wirksame Mittel wie Nystatin, Mycostatin oder Amphotericin B versucht werden. Im akuten Stadium kommt oft jede Hilfe zu spät.

Vorbeugung: Gründliche Beseitigung aller Schimmelherde und anschließende Desinfektion. Hygiene in allen Bereichen. Auf gute, einwandfreie Stalleinstreu und hochwertige Futterqualität achten. Das Futter nicht in Plastiksäcken lagern (Schwitzwasser).

Candidose (Soor)

Candida albicans, einen Hefepilz, findet man auf den Schleimhäuten aller Lebewesen. Er ist auch in unserer Umwelt weit verbreitet. Bei geschwächten und kranken Tieren dringt der Erreger in die Schleimhaut ein und vermehrt sich dort rasant.

Krankheitsbild Schnabelhöhle: Vielfach fällt ein unangenehmer, saurer Geruch aus dem Schnabel auf. Auf der Schleimhaut von Schnabel und Rachen findet man kleine, runde, weiße oder weißgelbliche Bläschen, die bei fortschreitendem Befall zu schmierigen, grauweißen bis braungrauen Belägen führen. Bei chronischem Verlauf sitzen um die Coanenspalte sowie an den Zungenrändern feste bräunliche Krusten, die bereits einen Großteil der Papillen zerstört haben. Bei dem Versuch, sie zu entfernen, treten Blutungen ein, da der Pilz bereits tief in die Schleimhaut eingedrungen ist und sie zerstört hat. Der Hefepilz kann aber auch innere Organe besiedeln,

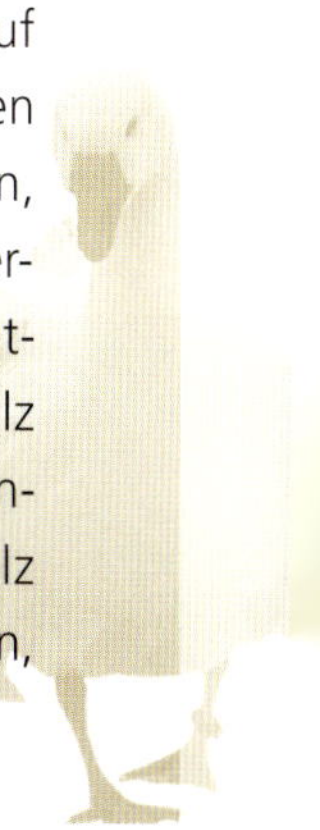

Auslauf und Stall sollten sauber sein, damit sich dort keine schädlichen Pilze und/oder Parasiten ausbreiten können. (Foto: Marion Bohn-Förder)

in seltenen Fällen auch den Legeapparat (Legeorgane) der Gans.

Krankheitsbild Legeapparat: Hell- bis dunkelgelbliche, schmierige Beläge auf den Bruteiern sprechen für eine Candidose. In fortgeschrittenem Stadium kommt es zu nekrotischen Veränderungen im Legeapparat. Dann findet man festere, weißgelbliche Absonderungen im Kot. Oft kommt es aufgrund der geschädigten Schleimhäute zu Sekundärinfektionen. Eine Candidose kann auch für eine akute Legenot verantwortlich sein.

Candidose beim Ganter: Beim männlichen Tier führt sie oftmals zu einer Entzündung am Penis. Der Ganter befruchtet schlecht oder überhaupt nicht. Unbehandelt bilden sich zunehmend nekrotische Veränderungen an Phallus und Kloake. Häufig kommt es zu einem Penisvorfall und somit zum Absterben des Begattungsorgans.

Behandlung: Im Anfangsstadium kann eine Therapie mit dem Antimykotikum Nystatin (Moronal®) versucht werden. Wichtig ist, dass beide Tiere des Zuchtstamms behandelt werden. Die Verabreichung eines Präparates wie Liviferm® oder Bird-Bene-Bac® zur Stabilisierung der Darmflora ist sinnvoll. Bei fortgeschrittenem, chronischem Krankheitsverlauf besteht selten Aussicht auf eine vollständige und dauerhafte Genesung des Tiers.

Vorbeugung: Für optimale Umweltverhältnisse und stets sauberes Badewasser sorgen. Auf strenge Auslaufhygiene achten, besonders während der Fortpflanzungszeit. Ganter nicht in Matschtümpeln treten (befruchten) lassen. Vollwertige Fütterung und gute Futterqualität müssen stets gewährleistet sein. Antibiotika dürfen nicht wahl- und planlos und nur nach tierärztlicher Verordnung und Anweisung verabreicht werden, da diese Erreger abtötende Maßnahme auch das übrige Abwehrsystem schwächt und sich der Pilz dadurch noch leichter vermehrt. Bei einer Gabe von Antibiotika über einen längeren Zeitraum sollte diese vitaminzehrende Maßnahme durch einen entsprechenden Ausgleich mit Multivitaminpräparaten kompensiert werden.

Erkrankungen durch Parasiten

Kokzidiose

Kokzidiose ist eine durch Kokzidien (parasitäre einzellige Sporentierchen) verursachte Geflügelkrankheit und befällt Gänse vorwiegend im Alter von etwa zwei Monaten durch Infektion in einem verseuchten Auslauf, wird aber auch durch beispielsweise Fliegen, Wildvögel, Mäuse, Ratten übertragen. Diese seuchenhaft auftretende Erkrankung befällt den Darm, aber auch die Nieren.

Die Darmparasiten zerstören die Zellen der Darmschleimhaut, was eine erhebliche Störung der Nahrungsresorption zur Folge hat. Der geschädigte Darm ist gleichzeitig besonders empfänglich für andere Krankheitserreger.

Krankheitsbild Darmkokzidiose: Die Tiere werden matt, schwach und haben Durchfall. Der Kot ist oft weißgelb, er ist zudem käsig und oftmals blutig. Die Futteraufnahme geht zurück, die Tiere magern infolgedessen stark ab.

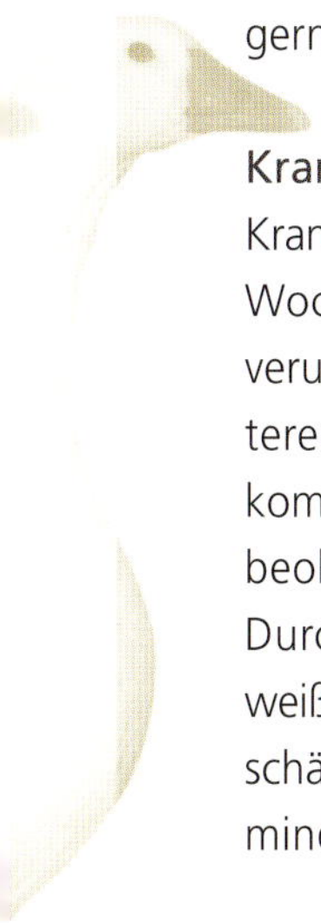

Krankheitsbild Nierenkokzidiose: Diese Krankheit tritt bei Gösseln im Alter von drei Wochen bis drei Monaten akut auf und verursacht hohe Verluste, während bei älteren Tieren, die als Ausscheider infrage kommen, meist ein chronischer Verlauf zu beobachten ist. Im akuten Verlauf sind Durchfall und die Ausscheidung eines weißlichen Kots Anzeichen für eine Nierenschädigung. Hinzu kommen Apathie, verminderte Futteraufnahme, Abmagerung sowie erhöhte Wasseraufnahme und Gleichgewichtsstörungen. Die Tiere fallen nach vorn oder taumeln wie betrunken. Einzelne Gössel liegen auch auf dem Rücken und rudern mit den Füßen.

Behandlung: Für die empfindlichen Gänse stehen nur wenige Präparate zur Verfügung, da viele der in der Hühnerhaltung verwendeten Medikamente für sie toxisch sind (zum Beispiel die Wirkstoffe Halofuginon, Niclosamid, Nitrofuran und DOT dürfen auf gar keinen Fall für Gänse verwendet werden). Entsprechende Warnhinweise und Beipackzettel sind sorgfältig zu beachten. Große Vorsicht ist auch bei medikamentierten Küken- oder Putenstartern geboten. Verwendbar zur Behandlung ist beispielsweise Toltrazuril (Baycox®).

Vorbeugung: Wichtigstes Mittel ist Hygiene, durch die eine Übertragung zwar nicht völlig unterbunden werden kann, aber die Belastung des Umfelds mit Kokzidien wird auf ein Mindestmaß reduziert. Regelmäßige Reinigung des Stalls, wobei besonderer Wert auf trockene Einstreu zu legen ist, und konsequente Bekämpfung von Mäusen und Ratten sind unabdingbar. Die Bereiche um die Tränken müssen mit geeigneten Maßnahmen, wie Rosten, Kunststoffspalten aus der Schweinehaltung oder durch tiefgründiges Auffüllen mit großem Kies, trocken gehalten werden. Badewasser darf keinesfalls auf den Auslauf geleert werden, sondern sollte über eine Dränage abgeführt werden. Gegebenenfalls hilft die Verbringung der Tiere in einen anderen Stall mit einem frischen, unbelasteten Auslauf.

Ein Wurmbefall kann bei Junggänsen besonders dramatische Folgen haben. Eine entsprechende Vorsorge ist ein Muss. (Foto: Beate Meisenzahl)

Innenschmarotzer (Endoparasiten)

Irgendwann ist in jeder Gans einmal sprichwörtlich „der Wurm drin“. Die Befallsintensität ist weitgehend von den Haltungsbedingungen abhängig. Bei Gänsen werden neben Haarwürmern, die im Darm, in der Schleimhaut des Rachenbereichs, in der Speiseröhre und auch im Kropf vorkommen, hauptsächlich Magen- und Luftröhrenwürmer nachgewiesen. Sie bohren sich in die Schleimhäute ihres Wirts und rufen dadurch örtliche Entzündungen hervor. Ältere Tiere scheinen eine gewisse Immunität zu besitzen, die aber auch ihre Grenzen hat. Wird der Befallsdruck zu stark, leiden sie schließlich unter einem akuten Vitaminmangel, an dem sie nach längerem Siechtum elend zugrunde gehen. Bei befallenen Junggänsen treten öfter Todesfälle auf.

Die Eier und Larven der verschiedenen Wurmarten lauern besonders in kleinen stehenden Gewässern, verschlammten Uferzonen, dauernassen Stellen im Auslauf und schmutziger, feuchter Einstreu. Auch durch den Kot infizierter Wildvögel können Gänse mit ihrem Futter Wurmeier aufnehmen. Die Larven der Magenwürmer lauern im Gras und werden von den Gänsen beim Weiden aufgenommen. Sie zerstören die Keratinoidschicht des Muskelmagens. Das führt zu einer erheblichen Beeinträchtigung der Verdauungsprozesse. Während die Erkrankung bei Junggänsen einen seuchenhaften und meist tödlichen Verlauf nimmt, ist bei Altgänsen eher ein chronischer Verlauf zu beobachten.

Luftröhrenwürmer sind dunkelrot und sehen aus wie ein Y. Bei massiver Infektion rufen die wandernden Larven Lungenödeme und herdförmige Lungenentzündungen hervor. Ausgewachsene Würmer haften sich zur Blutaufnahme an die Luftröhre und die Bronchien, wo sie bei massivem Befall katarrhalische Entzündungen der Luftröhrenschleimhaut hervorrufen. Die Nahrungsaufnahme ist erheblich beeinträchtigt. Als Folge werden die Tiere immer schwächer und sterben schließlich an Erschöpfung oder sie ersticken. Betroffen sind in erster Linie Jungtiere.

Krankheitsbild Haarwürmer/Darm: Die Tiere sind schlapp bis apathisch, ihr Kot ist dünnbreiig, sie magern stark ab. Das Brustbein ist spitz tastbar. Durch die von den Würmern verursachte Blutarmut ist die Schnabel- und Beinfarbe der betroffenen Gänse sehr blass. Aufgrund ihres schlechten Allgemeinzustands vernachlässigen sie ihre Gefiederpflege.

Krankheitsbild Haarwürmer/Schnabelhöhle und Rachenschleimhaut: Weißliche, punktuell angesiedelte, nekrotische Auftreibungen auf den Schleimhäuten im Rachenbereich. Die Tiere zeigen Schluckbeschwerden. Oft aber fällt ein Befall zunächst nur durch einen entzündlichen Geruch aus dem Schnabel auf.

Krankheitsbild Magenwürmer: Gössel sind schlapp, appetitlos und liegen viel. Des Öfteren ist Kopfschütteln in Verbindung mit Würgebewegungen zu beobachten. Der Kot kann durch Blutbeimengungen dunkel gefärbt sein.

Krankheitsbild Luftröhrenwürmer: Junggänse fallen durch schlechte Nahrungsaufnahme auf und zeigen Anzeichen von Heiserkeit, Husten (besonders während der Nahrungsaufnahme) sowie Atemnot. Durch die zunehmende Verstopfung der Luftröhre strecken die Tiere nach Luft ringend ihren Hals, öffnen den Schnabel und führen mit dem Kopf Schüttelbewegungen aus, als wollten sie die Plagegeister herauswürgen. Im Schnabel sammelt sich zähflüssiger Schleim an. Bei Alttieren ist die Luftröhre größer, weshalb sie nur selten unter akuter Atemnot leiden. Charakteristisch für Luftröhrenwürmer ist das ständige Hüsteln während der Nahrungsaufnahme.

Behandlung: Concurat®-L 10 % über das Trinkwasser (nur so viel Wasser geben, wie die Tiere an einem Tag trinken) oder Panacur® Boli, 250 mg direkt eingeben (eigentlich für Schafe, ist aber für Gänse ebenso geeignet). Die Behandlung mit Panacur sollte, je nach Befall, drei bis fünf Tage lang erfolgen. Bei nachgewiesenen Magenwürmern wirkt nur Concurat®-L 10 %. Die Präparate sind beim Tierarzt erhältlich.

Während einer Wurmkur sollte der Auslauf für drei Tage begrenzt sein und der Kot täglich abgesammelt werden. Anschließend wird der Stall gründlich gereinigt und der Stallboden gegen Wurmeier desinfiziert. Hierzu geeignet sind Desinfektionsmittel mit dem Wirkstoff Kresol.

Vorbeugung: Kotuntersuchung auf Würmer beim Tierarzt. Wir entwurmen unsere Tiere vorbeugend im Januar, vor ihrer Fortpflanzungsperiode sowie im Herbst.

Wenn Gänse sich kratzen, kann ein Befall mit Außenschmarotzern wie Federlingen oder Milben der Grund sein. (Foto: Ute Weber)

Außenschmarotzer (Ektoparasiten)

Diese in der Regel mit bloßem Auge sichtbaren Lebewesen befinden sich ständig oder nur zeitweise auf ihrem Wirtstier und ernähren sich von der Körpersubstanz. Durch die schnelle Vermehrung dieser Plagegeister, besonders zur Sommerzeit, wird das Allgemeinbefinden der Gänse erheblich beeinflusst. Die Schadwirkung eines Befalls ist abhängig von den Nahrungsgewohnheiten der einzelnen Parasitenarten.

Federlinge gehören zu den stationären Parasiten, das heißt, sie befinden sich permanent auf dem Wirt und besiedeln vorzugsweise den Kopf- und Halsbereich sowie die Partie unter den Flügeln. Sie ernähren sich von der Federsubstanz. Kleine Beschädigungen im Deckgefieder (Löchern oder Kratzern ähnelnde, durchsichtige Stellen) sind oft ein Indiz für einen Befall. Diese winzigen, weißen, länglichen, flügellosen Insekten sitzen meistens an den Federunterseiten der Flügel, wo sie sehr gut sichtbar sind. Begünstigt wird ein Befall durch Haltungsfehler, Mangelernährung, schwache Kondition, Krankheit und mangelnde Gefiederpflege.

Die **Rote Vogelmilbe** wird hauptsächlich durch Wildvögel übertragen und tritt vorwiegend in der warmen Jahreszeit auf. Hier vermehren sich die Blutsauger so stark, dass es zu Todesfällen kommen kann. Vollgesogene Milben haben eine rote bis bräunliche Farbe. Hungrige sind weißlich grau. Die Rote Vogelmilbe gehört zu den temporären Parasiten, das heißt, sie sucht ihren Wirt nur nachts im Stall auf und verlässt ihn erst, wenn sie satt ist. Tagsüber lebt sie in Ritzen und Spalten sowie an den Unterseiten von Futter- und Trinkgefäßen. Bei hoher Milbenpopulation im Stall können einige Parasiten auch permanent am Tierkörper (Schenkel- oder Flügelbeuge sowie Schnabelwinkel) nachgewiesen werden. Durch den hohen Blutverlust der Wirtstiere entwickelt sich eine Anämie (Blutarmut), die Tiere magern stark ab, bei Junggänsen sind Todesfälle nicht selten.

Räudemilben leben stationär auf ihrem Wirt und ernähren sich von seiner Zellsubstanz. Bei Gänsen ist ein Befall größtenteils auf eine unhygienische Haltung zurückzuführen. Hier sind meist nur Einzeltiere betroffen. Körperräudemilben werden durch engen Kontakt von Tier zu Tier übertragen. Sie dringen durch die äußeren Hautschichten (Umgebung von Schnabel und Augen) ein, graben dort Gänge und legen darin ihre Larven ab. Das führt zu heftigen Hautentzündungen.

Zecken setzen sich vor allem an flaumlosen Stellen im Bereich der Augenlider, im inneren Augenwinkel, bei jungen Tieren, aber auch an anderen Körperteilen fest. Sie verlassen ihr Wirtstier erst nach fünf bis zehn Tagen, wenn sie richtig vollgesogen sind. Die Blutsauger kommen in der Natur nur in einem für sie geeigneten Lebensraum wie Wald- und Buschweiden vor. Besonders Jungtiere sollten daher in einer strauchlosen Umgebung aufgezogen werden.

Schmeißfliegen, die in kleinste Wunden ihre Eier ablegen und damit eine Blutvergiftung auslösen können, sind ebenfalls zu bekämpfen.

Krankheitsbilder: Ein geringgradiger Befall mit Federlingen wird meist übersehen. Stärkerer Befall führt zu starkem Juckreiz und bei Massenbefall kann es zu Hautveränderungen und krustösen Ekzemen kommen.

Unruhe, Schreckhaftigkeit, Abgeschlagenheit und eine starke Abmagerung weisen auf einen Befall mit Roten Vogelmilben hin. Die Tiere möchten abends nicht in ihren Stall gehen. Die Vogelmilbe kann auch Menschen befallen und bei ihnen ebenfalls stark juckende Hautveränderungen hervorrufen.

Mit Räudemilben befallene Gänse sind unruhig, leiden unter Juckreiz und scheuern ihren Kopf an festen Gegenständen. Die Haut im Kopfbereich weist kalkartige Borken auf. Das lückenhafte Gefieder befindet sich ständig in der Mauser.

Lidödeme, Verkleben der Lidränder sowie Schwellungen um den Schnabelbereich sind typisch für einen Zeckenbefall. Das Allgemeinbefinden sowie die Nahrungsaufnahme sind gestört. Bei stärkerem Befall magern die Tiere ab, werden schwach und zeigen teilweise Flügel- und Beinschwäche. Todesfälle kommen vor.

Behandlung: Geeignete Mittel zur Bekämpfung von Ektoparasiten gibt es beim Tierarzt. Damit können sowohl befallene Tiere als auch der Stall behandelt werden. Zecken werden vor der Behandlung vorsichtig mit einer Zeckenzange entfernt. Bei Räudemilben weicht man zunächst die Borken mit einer Kernseifenlösung auf und entfernt sie schonend.

Für Gänse mit Gelenkproblemen ist Schwimmen die ideale Bewegungstherapie. (Foto: Dr. Richard Maurer)

Gelenkgicht

Diese Stoffwechselkrankheit, man bezeichnet sie auch als Harnsäurevergiftung, verläuft schleichend und chronisch. Gerade gut genährte Gänse älteren Semesters erkranken häufig daran. Aufgrund ihres Körpergewichts sind bei ihnen die stärker beanspruchten und durchbluteten Bein - gelenke betroffen.

Krankheitsbild: Eingeschränkte Beweg - lichkeit, vermehrtes Liegen, Knacken beim Bewegen der Gelenke. Bei akuten Schmerzschüben beißen sich die Vögel oft verzweifelt in die betroffenen Gelenke. Der ansonsten dünnfilmige weißliche Harnsäureüberzug auf den Kotwürstchen wird bei Gicht vermehrt ausgeschieden und hat eine cremige Konsistenz.

Behandlung: Nicht möglich, da die Krankheit meist zu spät erkannt wird. Wer sein Tier nicht verlieren möchte, sollte es fortan bedarfsgerecht füttern und es, wenn immer möglich, ins Wasser setzen. Schwimmen ist optimal. Es erhält die Beinmuskulatur und verhindert ein Versteifen der Gelenke. Von Schmerzmitteln sollten Sie Abstand nehmen, da sie von Gänsen schlecht vertragen werden. Bei zu starker Kälte muss der Vogel im Stall bleiben. Hier ist für eine wärmende Einstreu zu sorgen.

Wenn eine Gans jedoch nur noch liegt und gar nicht mehr auf die Beine kommt, leidet das Tier sehr und sollte erlöst werden.

Vorbeugung: Bedarfsgerechte Fütterung und Wasserversorgung. Dazu gehört eine ausgewogene Ration mit essenziellen Aminosäuren sowie eine ausreichende Versorgung mit Vitamin A. Fertigfuttermittel sollten nach Ablauf des Haltbarkeitsdatums nicht mehr verfüttert werden, da sich die beigemischten Vitamine zersetzen und enthaltene Futterfette ranzig werden können. Überfütterung ist streng zu vermeiden.

Vergiftungen

Gänse sind sehr geschmacksempfindlich, daher treten Vergiftungen nur selten auf.

Wenn doch, besteht häufig keine Aussicht auf Heilung. Eigenartigerweise gibt es eine Pflanze, die Gänsesterbe *(Erysimum crepidifolium)*, die die sonst sehr heiklen Gänse sehr gern fressen, obwohl sie bei ihnen sofort tödlich wirkt. Diese Pflanze, in manchen Gegenden auch als Sterbekraut, Hederich oder Schöterich bekannt, muss, sofern auf dem Auslauf vorhanden, sofort einzeln ausgerottet werden. Auch Raps, Rüben und Ackersenf sind für Gänse toxisch.

Außerdem sind (ohne Anspruch auf Vollständigkeit) giftig: Tollkirschen *(Atropa belladonna)*, Schierling *(Conium maculatum)*, Goldregen, Schwarzer Nachtschatten *(Solanum nigrum)*, Bilsenkraut *(Hyoscyamus niger)*, Maiglöckchen. Kartoffelkeime dürfen nicht in den Gänseschnabel geraten.

Durch Pflanzen hervorgerufene Vergiftungen äußern sich häufig durch Unruhe, Schwanken, Zittern, Atemnot, Krampfanfälle und Lähmungserscheinungen und enden meist mit dem Tod des Tiers.

Auch Vergiftungen mit Rattengift sind leider nicht selten. Wird die Aufnahme eines Giftköders bemerkt, muss so schnell wie möglich Vitamin K1 vom Tierarzt injiziert werden. Unbemerkt kommt jede Hilfe zu spät.

Eiweißvergiftung

Sie kommt bei Gänsen während der Legeperiode vor, wenn sie zu viel eiweißreiches Zuchtfutter in Verbindung mit reichlich frischem Grünfutter aufnehmen.

Die Futtermittelhersteller empfehlen bei ihrem Gänsezuchtfutter eine Ad-libitum-Fütterung. So eine pauschale Angabe kann aber kaum für alle Rassen gelten. Was eine Gans während dieser Zeit benötigt, hängt zum einen von ihrer Legeleistung ab und zum anderen von dem Bewuchs und der Größe ihrer Weidefläche. Letzteres ist ein wichtiges Kriterium. Gänse, die eine große Fläche beweiden, wo sie im Frühjahr täglich sehr viel junges Grün aufnehmen, sollten keinesfalls reine Zuchtfutterpellets ad libitum bekommen. Durch den hohen Eiweißgehalt dieses Futters und des jungen Grases kommt es zu einem Eiweißüberschuss, der im Vogelkörper nur teilweise wieder abgebaut werden kann. Das Eiweiß gelangt dann größtenteils unverdaut in den Dickdarm, wo es einem Fäulnisprozess unterliegt und zu Verdauungsstörungen sowie heftigen Koliken führt. Die Eiablage wird dadurch erheblich beeinträchtigt. Nicht selten ist eine tödlich verlaufende Legenot die Folge.

Krankheitsbild: Sehr schlechte oder keine Nahrungsaufnahme, vermehrtes Trinken, angespannte Haltung, Unruhe und teils Schmerzstöhnen oder passives Dastehen oder Liegen, übel riechender Durchfall.

Behandlung: Wenn die Gans nichts mehr fressen mag, ist es in der Regel schon zu spät, da die Nieren bereits geschädigt sind. Nimmt das Tier noch Nahrung auf, bekommt es ausschließlich Hafer mit Mineralfutter (siehe Kapitel „Liebe geht durch den Gänsemagen"). Grit in Form zerstoßener Austernschalen muss stets verfügbar sein, damit die Gans ihren Jod- und Kalziumbedarf decken kann. Der Weidegang muss für einige Tage gekürzt werden.

Die neuen Federkiele sind stark durchblutet. Werden sie verletzt, bluten sie daher heftig. (Foto: Marion Bohn-Förder)

Kleine Verletzungen

Abgerissene Kralle am kleinen Zeh: Blutet zunächst heftig und länger andauernd. Am besten blutstillende Watte draufdrücken. Oftmals stößt der Vogel sich aber genau dort wieder, was eine erneute Blutung auslöst. Keine Panik, auch wenn es etwas länger dauert, es heilt von selbst wieder.

Verletzungen an frischen Federkielen: Oft passiert es im Kampf zweier Ganter. Wenn bei einem solchen Flügelduell frische Handschwingenfedern an ihrer Spule (unterer Teil des Federkiels) abbrechen, kann es zu langen, tröpfelnden Blutungen aus den noch in der Flügelhaut steckenden Restspulen kommen. Denn der innen durchlässige Federkiel wirkt wie ein Dränageröhrchen, durch das das Blut aus der mit ihm verbundenen Arterie entweicht.

Beschädigte, blutende Kiele werden mithilfe einer Zange komplett aus dem Flügel gezogen. Nur so kann die Blutung rasch zum Stillstand gebracht werden. Die Wunden werden mit Betaisodona-Lösung beträufelt. Gegebenenfalls den Wundkanal etwas abdrücken, bis die Blutung gestillt ist.

Prellungen/Zerrungen: Gänse mit solchen Verletzungen brauchen Ruhe, dürfen aber im Wasser schwimmen, um das betroffene Gelenk beweglich zu erhalten und einem Versteifen vorzubeugen. Starke Schwellungen mehrmals am Tag kühlen. Sonst können Sie nichts tun, außer viel Geduld mit Ihrem Vogel haben, denn Gelenkverletzungen brauchen schon mal Wochen, bis sie vollständig ausgeheilt sind. Leider sind Gänse ungeduldige Patienten, die, weil sie partout nicht allein sein wollen, nicht die nötige Ruhe einhalten. Das verzögert den Heilungsprozess. Wenn eine meiner Gänse verletzungsbedingt lahmt, nehme ich das Tier sofort aus seiner Gruppe heraus und setze es zusammen mit zwei anderen, ruhigen und verträglichen Zeit - genossen in einen separaten Auslauf und Stall. Aufgrund der mangelnden Bewegung füttere ich bedarfsgerecht weniger.

Ist bei der Bewegung eines Gelenks jedoch ein Knirschen festzustellen oder ist das Gelenk abnorm beweglich, so ist der Gang zum Tierarzt unvermeidlich, wenn man seine Gans erhalten will. Er kann sie, wenn nötig, röntgen und eventuelle Frakturen bis zum Ausheilen fachgerecht ruhigstellen.

Augenentzündung

Sie kommt oft aus heiterem Himmel: Plötzlich ist ein Auge zugeschwollen und die Bindehaut ist eingetrübt. In den meisten Fällen ist eine winzige Verletzung der Auslöser. Die Gänse reiben oder kratzen an dem betroffenen Auge und bringen so Schmutz in die Wunde, der eine Entzündung verursacht. Aber auch Insektenstiche, Milben oder Zeckenbisse lösen teilweise heftige Entzündungsreaktionen im Augenbereich aus, die nicht selten auf die halbe Gesichtshälfte ausstrahlen.

Behandlung: Augen täglich mit sauberem Wasser spülen, um das Entzündungssekret zu entfernen. Eventuelle Verkrustungen im Lidbereich mit einem sauberen, in lauwarmem Wasser getränkten Tuch aufweichen und entfernen. Eine antibiotische Augensalbe mit einem Tetracyclin oder Gentamycin zwei- bis dreimal täglich einbringen. Bei akuten Entzündungsprozessen verschaffen Kühlgelkompressen etwas Linderung. Tiere mit akuten Entzündungen sollten im Hochsommer zunächst im abgedunkelten Stall bleiben. Gänse reiben ihr krankes Auge des Öfteren am Gefieder oder kratzen daran, was den Heilungsprozess verzögert.

Achtung!

Leicht mit der Bindehautentzündung zu verwechseln sind Mykoplasmeninfektionen. Die einzelligen Erreger befallen häufig erst einmal nur ein Auge („nasses Auge") und halten sich dort oft hartnäckig und wochenlang. Unbehandelt wandern sie jedoch nicht selten weiter und greifen auf das andere Auge sowie die Nebenhöhlen über. Später kommen schwere Atemwegsinfekte hinzu. Eine Antibiotikabehandlung am Auge sowie systemisch ist dann notwendig.

Nicht immer geht es in Gänsegruppen so friedlich zu. Notfalls müssen größere Gruppen geteilt werden. (Foto: Michael von Lüttwitz)

Wenn die Psyche krank ist

Mobbing

Gänse können schwächere, ungeliebte oder auch gehandicapte Artgenossen gnadenlos ausgrenzen. Oft werden die ohnehin schon verängstigten und unsicheren Tiere von einem ranghöheren Tier so lange schikaniert, bis ihr letzter Funke Selbstwertgefühl vollkommen erloschen ist. Sie nehmen dann kaum noch Nahrung zu sich, erkranken und gehen nicht selten ein. Besonders wenn viele Gänse auf zu engem Raum gehalten werden, kommt es unweigerlich zu aggressivem Verhalten einzelner Tiere. Mobbing und Stress gibt es aber auch in Zuchtstämmen, vorwiegend in 1,2 Anpaarungen. Oftmals hat der Ganter nur eine Lieblingsgans, was seinem natürlichen Instinkt entspricht. Die Zweitfrau trottet dem Paar traurig hinterher, in ständiger Hoffnung auf Akzeptanz. Stattdessen gibt es aber gänsischen Zickenterror von ihrer eifersüchtigen Kontrahentin. Dieser Stress schwächt das Immunsystem der „Ungeliebten" sehr und macht sie krankheitsanfällig. Wer mehrere Gänse hält, sollte daher unbedingt ihr Miteinander beobachten. Zur Not müssen Junggänsegruppen geteilt oder ein auffälliger Aggressor muss mit zwei selbstbewussten Artgenossen (besonders im Stall) separiert werden. Der ungeliebten Gans in einer Ehe zu dritt hilft ein eigenes, schützendes Separee im Stall, das sie sich mit einer weiteren jungen Gänsefreundin teilt. Es ist ratsam, dass beide Tiere ihr neues Nachtlager gemeinsam beziehen.

Federfressen

Diese Unart kommt, wenn auch sehr selten, ab und zu bei Junggänsen vor, die nicht stressstabil sind. Auf der Weide verhalten sich Federfresser meist unauffällig; wenn sie aber am Abend mit ihren Artgenossen in den Stall kommen, werden sie zum Aggressor und verbreiten Angst und Schrecken in der Junggänsegruppe. Ich hatte dieses Phänomen erst zweimal im Lauf vieler Jahre Gänsezucht. Die betroffenen Tiere verschlangen die Federn ihrer Artgenossen so gierig wie manche Menschen ihr Popcorn beim Kinobesuch. Als ich sie mit zwei weiteren ranghohen Tieren der Gruppe in einem Stallabteil separiert hatte, waren sie lammfromm und unauffällig. Zurück in der großen Gruppe wurden sie jedoch nach kurzer Zeit wieder zum federfressenden „Terrorkid". Solche Jungtiere leiden wahrscheinlich an einer Art Platzangst und müssen im Stall unbedingt mit einem oder zwei weiteren Artgenossen ein eigenes, nicht zu kleines „Schlafzimmer" bekommen. In meinen beiden Fällen hat sich das Federfressen später gelegt. Federfressen könnte auch ein Indiz für eine zu hohe Besatzdichte im Stall sein.

Die Mauser

Sie dient der Erneuerung des abgenutzten und unansehnlichen Federkleides und ist ein normaler und wichtiger Prozess. Altgänse mausern sich alljährlich am Ende ihrer Reproduktionsperiode. Mit Eintritt der Fortpflanzungsruhe im Sommer wird schrittweise das gesamte Federkleid gewechselt. Zuerst fallen die Deckfedern über den Armschwingen aus, kurz darauf alle Schwungfedern. Im Abstand von etwa sechs Wochen kommt es dann im Herbst

Junggans in der Halsmauser.
(Foto: Tierfotoagentur.de/S. Gervelis)

zu einem Wechsel des Kleingefieders (Deck- und Daunenfedern). Bei Junggänsen setzt die Mauser erstmals im Alter von acht bis elf Wochen ein. Auch sie wechseln nach ungefähr sechs Wochen noch mal das Kleingefieder. In Junggänsegruppen ist bei Einzeltieren oft eine schlagartige Halsmauser zu beobachten. Nur noch der Daunenflaum am Hals bleibt stehen. Verantwortlich hierfür sind Stress wie zu große Gruppen, Stallwechsel oder Absetzen der Jungtiere von den Eltern.

In der Regel erfolgt die Mauser störungsfrei. Wenn das Nachwachsen der neuen Federn ins Stocken gerät, steckt häufig eine Erkrankung dahinter. Hier bringt der Tierarzt Klarheit. Auch ein Vitaminmangel kann zu Mauserstörungen führen.

Vitaminpräparate mit Aminosäuren wie „Alamin" haben sich bei Mauserstörungen bewährt.

Ein paar Worte zum Abschied

Wer Tiere hält, steht irgendwann vor der schmerzlichen Tatsache, dass der gemeinsame Lebensweg sich seinem Ende entgegenneigt. Tritt kein natürlicher Tod ein, lassen Gänseliebhaber ihren altersschwachen oder kranken Liebling in der Regel von einem Tierarzt einschläfern. Was aber wird dann aus dem Partner des Tiers?

Gänsepaare sind sehr treu, und der Verlust ihres Partners stürzt sie in tiefe Trauer. Schlimm wird es, wenn er noch lebendig fortgenommen wird und nicht mehr zurückkehrt. Der hinterbliebene Vogel sucht ihn, kann nicht verstehen, warum er nicht wiederkommt, und wird Tage oder sogar Wochen verzweifelt nach ihm rufen. Daher sollte er unbedingt die Möglichkeit bekommen, sich von seinem verstorbenen Partner zu verabschieden – vorausgesetzt, das Tier wurde eingeschläfert oder starb eines natürlichen Todes und ist somit unversehrt. Während dieser letzten, sehr traurigen und emotionalen Stunden realisiert der Vogel, dass sein geliebter Partner tot ist. Ihn fortan allein zu halten, wäre seelische Grausamkeit. Je schneller das Tier wieder Gesellschaft hat, umso eher überwindet es seine Trauer.

(Foto: Agnes Meyer-Brandis)

Anhang

Was Sie noch wissen sollten

Registriernummer: Wer Gänse hält, muss dies beim Veterinäramt des Kreises anzeigen. Hier erfahren Sie auch die zuständige Stelle, die eine Registriernummer vergibt. Zeitgleich müssen die Tiere bei der Tierseuchenkasse angemeldet werden.

Bestandsbuch:
Das Führen eines Bestandsbuches ist Pflicht, selbst wenn man nur einen Zuchtstamm hält. Hier werden alle Zu- und Abgänge und der Tierbestand zeitnah erfasst.

Rassegeflügelzucht:
Sollten Sie in die Rassegeflügelzucht einsteigen wollen, ist der Sonderverein Deutscher Gänsezüchter die erste Adresse.

Bundesringe:
Wenn Sie Nachzucht von Ihren Gänsen einplanen, lohnt eine Mitgliedschaft in einem Rassegeflügelzuchtverein. Hier bekommen Sie alljährlich Bundesringe für die Gössel. Beringte Gänse lassen sich besser verkaufen.

Rührei/Kuchen:
Wer keinen Nachwuchs wünscht, kann die frischen Gänseeier unbedenklich verzehren.

Ei-Künstler:
Ausgeblasene Gänseeier kann man schön gestalten. Auf Ostereiermärkten finden Sie tolle Anregungen. Dort treffen Sie auch Ei-Künstler, die eventuell Interesse an den ausgeblasenen Rohlingen haben.

Geschichte:
Die planmäßige Gänsezucht wurde Anfang des 20. Jahrhunderts von passionierten Rassegeflügelzüchtern begonnen, in dieser Zeit wurde auch der SV gegründet. Es wurden Rassestandards für die einzelnen Rassen festgelegt.

Literaturverzeichnis

Dr. A. F. Anderson Brown:
Kunstbrut,
Verlag M. & H. Schaper,
Alfeld-Hannover 1988

Dr. H. Franke:
Neuzeitliche Tierzucht,
DLG-Verlag, Frankfurt 1965

Konrad Lorenz:
Hier bin ich – wo bist du?
R. Piper GmbH & Co. KG, München 1988

Werner Lüthgen:
Wassergeflügel-Krankheiten,
Oertel + Spörer Verlags-GmbH+Co. 2002

Horst von Luttitz:
Enten und Gänse halten,
Verlag Eugen Ulmer 1997

Horst Marks:
Zucht und Haltung von Gänsen,
Herausgeber: Verband der Kleingärtner, Siedler und Kleintierzüchter Zentralvorstand

Karl-Heinz Schneider:
Gänsehaltung für jedermann,
Verlagshaus Reutlingen Oertel + Spörer 2002

Adressen

SV Deutscher Gänsezüchter 1907
www.svdeutschergaensezuechter.npage.de

Verband der Hühner-, Groß- und Wassergeflügelzüchtervereine zur Erhaltung der Arten- und Rassenvielfalt e. V.
www.vhgw.de

Rassezuchtverband Österreichischer Kleintierzüchter (Sparte Geflügel)
www.rassegefluegel.at

Schweizerischer Rassegeflügelzucht-Verband
www.kleintiere-schweiz.ch

Dr. med. vet. Matthias Görlach
Alte Hauptstraße 35
35510 Butzbach-Griedel
www.drgoerlach.de

Geflügel Börse (Zeitschrift für Kleintierzüchter und Naturfreunde)
www.gefluegel-boerse.de

Geflügel Zeitung
gefluegelzeitung@hk-verlag.de

Danksagung

Wenn man an den letzten Zeilen seines Buches ankommt und zurückblickt, ist man sehr glücklich und dankbar den Menschen, die zum Gelingen dieses Buches beigetragen haben: in erster Linie meiner Lektorin Maren Müller. Einige Jahre habe ich immer wieder E-Mails und Anrufe von Gänsehaltern bekommen, die Rat suchten. Alle ihre Fragen habe ich archiviert, mit der Vision, irgendwann einmal ein Buch über Gänse zu schreiben. Als Frau Müller im vergangenen Jahr unerwartet Kontakt zu mir aufnahm, wurde meine Vision Wirklichkeit. Wir haben gemeinsam dieses Buch für Sie verfasst und hoffen, es beantwortet viele Ihrer Fragen.

Ein ganz großes Dankeschön möchte ich Herrn Dr. med. vet. Matthias Görlach aussprechen. Dank seiner Hilfe und seines großen Engagements war es mir möglich, das Kapitel „Gänsekrankheiten" in dieser fachlich fundierten und detaillierten Form für Sie zu verfassen.

Des Weiteren gilt mein Dank …

… dem im Dezember 2011 verstorbenen ersten Vorsitzenden des SV Deutscher Gänsezüchter Jürgen Schelberger sowie allen Zuchtwarten des SV für ihre freundliche Unterstützung.

… Heinrich Eidam aus Oberweimar, von dem wir vor vielen Jahren unser erstes graues Pommerngänsepaar kauften. Er stand uns anfänglich mit vielen hilfreichen Tipps zur Seite – so kamen wir zur Rassegeflügelzucht.

… meinem Mann Roland und meinem Sohn Dominik, die mich beim Schreiben dieses Buches mit Rat und Tat unterstützt haben.

Ein Buch lebt auch von vielen schönen Fotos. Hierfür danke ich: Manfred Ditschler, Tobias Hofmann, Michael von Lüttwitz von der Fachzeitschrift Geflügel Börse, Dr. Richard Maurer, Beate Meisenzahl, Agnes Meyer-Brandis, Jörn Perske von der Deutschen Presse-agentur, Karl-Heinz Tuma und Ute Weber.

Stichwortregister

Cadmos Verlag GmbH · Möllner Straße 47 · 21493 Schwarzenbek
Tel. 04151 87 90 70 · Fax 04151 87 90 7-12